本书翻译受 江苏高校优势学科建设工程资助项目和

南京林业大学教学质量提升工程项目（00644-09-01152）资助

U0265872

写给规划师的城市设计

（原著第二版）

URBAN DESIGN FOR PLANNERS
TOOLS, TECHNIQUES, AND STRATEGIES

［美］艾米丽·塔伦 著

徐 振 译

中国建筑工业出版社

著作权合同登记图字：01-2019-3692号

图书在版编目(CIP)数据

写给规划师的城市设计：原著第二版 /（美）艾米丽·塔伦著；徐振译. —北京：中国建筑工业出版社，2020.5

书名原文：Urban Design for Planners: Tools, Techniques, and Strategies

ISBN 978-7-112-24610-6

Ⅰ.①写… Ⅱ.①艾… ②徐… Ⅲ.①城市规划—建筑设计 Ⅳ.①TU984

中国版本图书馆CIP数据核字（2020）第022507号

Urban Design for Planners：Tools, Techniques, and Strategies / Emily Talen(978-0-990616245)

责任编辑：张鹏伟　程素荣
责任校对：赵听雨

本书翻译受 江苏高校优势学科建设工程资助项目和南京林业大学
教学质量提升工程项目(00644-09-01152)资助

写给规划师的城市设计
（原著第二版）

[美]艾米丽·塔伦 著

徐 振 译

*

中国建筑工业出版社出版、发行（北京海淀三里河路9号）
各地新华书店、建筑书店经销
北京建筑工业印刷厂制版
北京富诚彩色印刷有限公司印刷
*
开本：787×1092毫米 1/16 印张：8 字数：219千字
2020年6月第一版 2020年6月第一次印刷
定价：**78.00**元
ISBN 978-7-112-24610-6
(35100)

再版说明

社区之间存在形态、大小、地域等方面的诸多差异，本书是为所有相信建成环境的设计对社区生活品质至关重要的读者而写。

书中以10个相互关联的练习模块逐步引导读者观察、分析，进而设计出具有功能合理、公众意识浓厚并且尊重步行者的空间。本书的目标读者包括城市规划师、建筑师、风景园林师、地理学家以及社区活动家，本书也可以作为涉及居住区、场所和社区等议题的课程教材。

作为本书的辅助资源，Planetizen网站提供了与本书同名的在线视频(Urban Design for Planners)。作者艾米丽·塔伦(Emily Talen)还指导了该在线课程中的所有内容，视频所采用的软件已经更新为2018年的最新版本。

本书及其视频系列是首个面向公众的采用纸媒与多媒体形式相结合的城市设计课程。

本书在2009年曾以《Urban Design Reclaimed：Tools Techniques，and Strategies for planners》的书名由美国城市规划协会规划师出版社出版。现Planetizen出版社出版第二版，并以《写给规划师的城市设计—— 工具、技术与策略》(Urban Design for Planners：Tools，Techniques，and Strategies)作为书名。

本书相关的在线视频课程系列可在Planetizen Courses网站观看，网址为：

http：//courses.planetizen.com/track/urban-design-planners

目　录

加拿大 多伦多

来源: *Leaside Bridge*

致　谢

本书是多年来对城市规划师在城市设计中的作用进行思考的结晶。它始于20世纪80年代，我在俄亥俄州立大学城市规划专业读研究生时就开始思考这个问题了。那时，规划专业的学生学习用彩色马克笔设计新城镇。回顾过去，这是一个糟糕的方法。通过将学生的努力与前一代规划师的工作相联系，Larry Gerckens教授让这些训练看上去都很真实，Gerckens同时讲授城市设计和城市规划史绝非巧合。

此后，我在圣芭芭拉市(Santa Barbara)高级规划部工作了六年。我从上司Dave Davis那里学到了设计、场所和政治的重要性。我的第一个项目是分析位于办公居住区(R-O zone)的早餐旅馆的停车需要。圣芭芭拉遍地都是这样的旅馆，不过这个小镇在此方面实至名归。

特别感谢Konrad Perlman在本书构思之初以及写作过程中给予的帮助。我在伊利诺伊大学工作时开始了本书的写作，非常感谢Varkki George Pallathucheril、Samantha Singer、Jason Brody、Chris Silver和Lew Hopkins等人这些年在城市设计方面给予的支持。在亚利桑那州，我感谢Elif Tural对一些插图提供的帮助。感谢Dan和Karen Parolek分享了一些SketchUp模型。美国规划师学会(APA)和规划师出版社(Planners Press)的员工，尤其是Sylvia Lewis、Timothy Mennel、Joanne Shwed和Michael Sonnenfeld在整个出版过程中提供了支持。

但最重要的是，我再次感谢我在新城市社区的朋友们，从他们那里学到了很多设计的重要性。新城市主义和新城市主义者一直被外界误读，尤其是我所在的学术界。不了解此话题的人们似乎没有意识到这个涉及场所、设计、可持续、人文精神和社会公正的内部争论的深度。没有其他组织如此热衷于探讨这些议题间的联系。

我还要特别感谢Sandy Sorlien、Laura Hall、Ann Daigle、Andres Duany、David Brain、Michael Mehaffy，Steve Mouzon、Ellen Dunham-Jones、Bruce Donnelly、John Anderson、Jennifer Hurley、Bill Spikowski、John Norquist、Payton Chung、Patrick Pinnell、Peter Swift、Ray Gindroz、Laurie Volk、Philip Bess、Sara Hines、Shelley Poticha、Tom Low、Laurence Aurbach、Lizz Plater-Zyberk、Rick Bernhardt、Chuck Bohl、Stefanos Polyzoides、John Massengale、Rob Steuteville、Doug Farr、Phil Langdon。他们以及其他在此未能提及姓名的人们为我多年来寻找设计问题的答案提供了帮助，我在本书的练习中探索了这些问题。一直以来，我都能求助于the pop-u-list、new-urb、pro-urb、urbanists listservs等邮件列表的热心同行们，感谢他们对都市主义和城市设计的贡献。他们未必都赞成我在本书中所采取的方法，甚至在一些问题上与我的意见向左，但是我非常欣慰有这样一群人们如此在乎这些话题。

当然，我也非常感谢我的家人、Talen家族和比利时的Anselins家族，我尤其感谢能陪伴和包容我日常生活的Luc、Emma、Lucie和Thomas Anselin。

Perdana植物园，吉隆坡，马来西亚

来源：*Izuddin Helmi Adnan*

引　言

"尽管在用途、规模或地域方面存在差异，人类聚落都由私人领域和公共领域构成。无论是私人还是公共机构，都无法仅仅以其活动的副产品自然而然地形成健康且优美的公共领域，其美观与社交功能 (Its beauty, its socializing power) 源于有意识的设计意图与达到文明教化的设计愿景。"

——莱昂·克里尔，《聚落的结构优化》，2008

两种类型的城市设计

第一种类型的城市设计由建筑师主导，将城市设计作为一项大型的建筑工程——对建筑群与公共空间同时进行设计。这种类型所运用的设计方法与空间中三维物体的布局密切相关：体块、结构、材质以及单体建筑的独特设计。一般来说，这种类型的城市设计是由私人开发商或市政府主导的一个设计概念。北京和迪拜等城市的大尺度城市设计往往就是这一类，由大名鼎鼎的建筑师担纲，服务对象也多是显赫的开发商。这类设计是消费驱动型，往往辉煌亮丽却也需要大量的资源。

第二种类型的城市设计是社区为本型，它根植于城市规划专业而不是建筑学，有着完全不同的社会目标。相较于街道景观的美学质量和作为税收来源的零售空间，这种类型的城市设计更关注作为社会单元之社区健康。它不为开发商服务，而是由关心居住空间建设的居民们以居住区质量改善为目的而共同作出的物质环境规划，设计出对于各类人士而言最佳且最具有美感的空间，将人们所需的各种服务、功能、经济活动以及环境保护等编制为一体。

这两种城市设计方法都有其适用的场合和时机。本书为第二种类型所鼓舞——即更类似于城市规划而不是建筑学。

重拾城市设计

本书旨在拓宽城市设计的涉及领域以超越建筑师通常的工作范围。如果规划师打算帮助社区更好地运作，容纳不同类型的居民，增加人们的场地意识并最终形成一个更有助益且鼓舞人心的公共领域，那么他们需要积极地参与到城市设计的进程中，帮助社区努力找到 Leon Krier 所言的"文明教化目标的设计愿景"共识。

尽管大多数建筑师认同城市设计不仅仅是建筑群规划或街道设计的说法，但一个仍然被设计者刻意淡化的事实是居住区设计在满足艺术氛围之前必须要兼顾社会、环境和经济目标。隽永或独特的设计往往能成就伟大的建筑作品，但在邻里和社区设计领域，设计却另有使命。这对于那些被告诫要另辟蹊径以饷灵感的建筑师们来说，无疑是个两难选择。对致力于将居住区变成一个更宜居场所的城市设计而言，其更看重运用历经时间检验的设计规律而非探求标新立异。

本书中建议的设计干预首先且始终源于公共意识，即有助于形成丰富多样、可持续发展、朝气蓬勃且人人平等的社区设计。例如将连通两个空间、嵌入一处公园、规划一条小路、关注一个十字路口——这些提议都奉行一个潜在的社会逻辑即致力于创造健康的邻里和社区。这是一种重视共同利益和公共领域的设计方法。

与之相关，本书意在帮助城市规划在城市设计领域中重获信心。大约在 20 世纪中叶，规划作为一个职业忽视了"文明教化之远见" (civilizing vision) 的重要性。有人谴责城市重建运动，因为这项运动使建筑与规划领域偏离了对公众凝聚力的设计关怀。Witold Rybczynski 曾表示，20 世纪 60 年代后，建筑学不再谈论社会目标，而是再次以先锋前卫为功能，"将环境设计者这个角色变成了时尚达人"。与此同时，规划这个职业将自己重新塑造成一个协商者和土地利用监管者 (Rybczynski, 1999)。不同于建筑学，规划并不能回退到建设设计这个层面。以至于最终人们逐渐认为规划师只是"一个无关紧要的人" (Krieger, 1999)。

不过在过去的几年里，受反蔓延活动的驱使，越来越多的人认识到规划与设计之间的断层给美国的建成景观带来了可怕的后果。尽管这种设计与规划的联系现在仍然被分区规则、社会经济分析以及官僚制度所掩盖，但规划师们似乎正前所未有地意识到规划控制的很多方面都能产生深刻的设计后果，并领悟出像地区划或停车场管理这类常规事务也会对场地的质量产生持久影响。

基于这个认识，规划师们准备率先将设计事务与重要社会目标联系起来。卸下了艺术创新的重担后，他们能够熟练运用设计来服务于公共目标和社会需求。在设计人居环境时，能确保他们转译基本原则时不会迷失——诸如如何使社区的功能更加完善，如何通过设计支持社会多样性以及如何使一个场地更加顾及公益。他们也能确保在城市设计的创造过中不会忽视基本的需求，例如人行道、整齐的沿街空间以及更安静的街道。他们也能聚焦于阐明城市设计背后的理性基础，而不是在建筑风格选择这种问题上争论不休。倘能不谈及风格，那么人本尺度与社会平等之类的品质就无需与怀旧或伤感挂钩了。

建筑师有时很难将城市设计与社会目标联系起来。在很多建筑学院里，定律、原则或其他任何与社会议题显然相关的事物都会被质疑，找出其中的理由并不困难。在过去，以实施城市设计来实现公平这样的社会目标是很困难的，而在当今看来，那些简单肤浅地体现所谓公平公正的建筑形式，悲催却明显地预示着现代都市主义的失败（**图0-1**）。一些规划师自己也以社会平等的名义种下恶果，将所谓"颓败"的居住区拆除，取而代之以整齐划一却冰冷枯燥的住宅楼，并且不断强调时代精神以及鼓励人们"活在当下"，"当下"这个词意味着真理是相对的，这样一来几乎不

图0-1

现代主义视角：建造形式平等的书面解释。

来源：*Sert (1994)*.

再有人认为那些已知的关于社会需求方面的真理能够指导城市设计。

然而，大量的案例能够说明建成环境如何直接影响社会目标。其中一个案例是在同一个居住区内提供多种类型的住房，城市设计能够让这个多样化的目标是可行的：

- 通过展示在独栋住宅街区如何容纳多户住宅单元；
- 通过设计将不同的土地利用与住宅类型相联系；
- 在打断连续性的边缘处布置小径；
- 在公共交通站点附近增加住房密度；
- 展示非标准单元房类型如庭园住宅、封闭式住宅以及居住公寓的作用；
- 在住宅区中安置小型企业和生活／工作单元；
- 制定规范以妥善容纳混合土地使用；
- 在投资不足的商业地带柔化大型单体开发的冲击；
- 设计作为集结空间的街道；
- 将公共机构与周围的居住肌理联系起来。

在这些方法中，城市设计解决了人群融合的基本需求，包括对因距离太紧导致不适的担心和将不同功能聚集在一起的顾虑。设计并不需要消除每一个潜在的矛盾，而应将具有多样性的环境变得更好，更受欢迎。

为使城市设计贯彻这些社会目标，规划师需要再三强调城市设计的重要性以及它在城市规划领域的合法地位，提升场地物质环境设计的作用，包括二维方案所对应的三维空间品质，也包括如何建设一个稳定、完善、开放且持久的社区。规划师同样需要深入理解那些优秀的城市设计案例背后的原理与邻里、社区如何联系。规划师需要从对"用地规划"的关注中抽身出来，对场地可能成为什么样子发表观点，也就是灌输城市设计的观点。

这些并不意味着规划师应变成建筑师。规划师可以培养他们自己对于城市设计的独特理念，自得于促使他们将社会、环境和美学理想的职业特点。我希望本书有助于使规划的设计层面拥有更重要的地位。

方法

在过去的 10 年里，城市设计的重要性在城市规划中再次被重申，但在开发解决社区的基本设计需求方面，城市规划师却落伍了，依然缺少必要的技巧。为了改变当下的局面，本书为规划师重返城市设计领域提供了一些必要的方法。书中的 10 项练习系列提供了如何做的思路，以弥补城市设计文献中在这方面的缺失，本书也因此适合职业规划师、公民规划师以及任何热衷居住区环境质量的读者阅读、使用。本书专门为非建筑师们提供了城市设计专业语汇和相应的方法体系。虽然本书重在为规划师提供其所需要的工具以辅佐基于社区途径的城市设计，但请不要将本书题名中的"城市设计"看作专业术语。每一位有时间且感兴趣的读者都可以学以致用。

这种方法是以过程为导向的、基于社区的并且是前瞻性的。"以过程为导向"意味着要有试错和反馈的循环，强调生成备选方案的重要性；意味着在提出设计方案之前应充分了解问题的复杂性，尤其是场地的社会脉络；意味着看待问题应有多个角度，每个问题也有多种解决方案。但是，"以过程为导向"不代表结果总是不可知的，也不代表设计师必须避免那些平淡无奇、目标导向抑或过于大众的设计。"以过程为导向"只代表在界定一个问题并找出解决方法的过程中有顺畅的步骤。

"基于社区"表示本书中的练习旨在为那些对建成环境感兴趣的读者提供一些必要的方法，以便在设计中能就变化提出建议并发挥积极作用。城市设计需要一定程度的专业技能，通过完成书中的练习，每位读者都能获得这些技能，书中的练习是任何规划师和城市规划热心市民（不一定是职业规划师，但却在对规划事务确实感兴趣且积极参与的人们）都能够完成的。

本书省略了对于特定场所和建筑的设计，也不涉及景观规划或建筑设计的方法。类似于平衡、质感、构图这类问题等在建筑或特定场所设计中虽然十分重要，但其在城市设计中只是偶然为之。这不应被视为城市设计的局限。实际上，停止对单个场地设计的细化才能有更多精力考虑更大的层面。设计过程应更多地转向强调分别在何处需要设置建筑或节点、优化景观、稳静街道、修建公园以及这样做的理由。这些是

城市规划师在城市设计进程中独一无二的作用。

最后，这种方法的前瞻性体现在首先发现问题区域并找出该处的设计需求，然后再着手解决。在城市设计中，设计师通常是应对一个指定的场地，但在本书的练习里，发现最需要设计干预的场地是设计过程中的基本环节。

使用本书中的设计方法，以下五个原则是每项练习内容与形式的基础：

1. 可持续性；
2. 渐进主义；
3. 社会脉络；
4. 政策与方案；
5. 层叠性。

可持续性

在如何将城市设计与可持续性联系起来的问题上，仁者见仁，智者见智。例如，《可持续都市主义》(Sustainable Urbanism)(Farr, 2007) 这本书讨论了通过居住区雨水管理、本地食物生产以及片区能源系统来提高可持续性。通过因地制宜的土地开发技术，城市设计能保护栖地和水域，并能为不同的生态系统提供支持。

在本书的练习中的可持续性理念涵义广泛，并非处理生态建筑和生态系统之类的问题。相反，以下才是本书所有练习所秉持的可持续性理念：

- 每项练习都认为城市应该为多样性而设计——人、使用和功能的混合。
- 每项练习都认为城市设计应该以步行者的身体而不是疾驰的私家车为尺度参照。
- 每项练习都是为了改进现有场地。按照城市规划的说法，这种城市设计是填入式设计而非全新开发。

请注意上述的第三个理念一定程度上限制了城市

设计师解决方案的范围。虽然在设计概念中可以安排一个更明确的邻里边界、一处增建的居住区公共空间或是一条新开的人行道，但是从根本上改变街道结构或重新设计街区系统来促进联系往往是非常不现实的，仅仅适用于全新的开发设计中。

渐进主义

由于书中的练习适用于已有的城市场地，所以本书展示的城市设计策略往往是平和的、渐进的。我们可以向简·雅各布斯 (Jane Jacobs) 学习，她认为"对于细节的强调是十分重要的：一座城市的品质蕴含于细微之处，它们相互补充相互映衬"。这句话出自其于 1961 年出版的经典著作《美国大城市的死与生》，本书中的方法与之完全一致，即规划师应如何将精力花在助推、微调而不是摧毁重建，从而作出虽小却具有战略意义的干预。

当然，城市设计常常面对的是大型项目，例如机场设计、购物中心以及市中心重塑等。尽管城市设计有合适的时机把控大型建筑，但小规模干预的作用也不应当被低估。如果能使社会更广泛地参与到场所的设计中去，那么更应做到强调细节，即使每次只作出微小且力所能及的干预。

渐进主义也会对想法的实施途径造成影响。读者从书中练习解读出的设计策略可以通过向政府或业主提出一些小要求来实施，例如，创立小型的奖金项目或适度的税收激励。总之，一个设计方法具有渐进性，说明它是自下而上的，是由居民发起并且便于实施的小规模设计干预。

社会背景

正如上文所讨论的，本书中展示的城市设计策略系以对社会背景的清醒认识作为导引，用城市设计弥合社会数据和建成环境形态之间的错位。这种方法认为必须同时考虑到社会需求和经济合理性。当然情况并非总是这样。经济理性几乎总是在起主导作用，人们对决定设计策略能否带来足够的投资回报有很大的兴趣，而城市设计却很少回应社区作为一个社会共同体的需要。

本书相信在建设一个更有生命力、更能持续发展以及更能体现社会公正的社区中，城市设计在其中发挥着重要的作用。同时，这些目标与创造经济价值之间并不冲突。实际上，通过呈现这些目标在转移为建成环境形式上的相似性方面，城市设计有助于减少社会目标与经济目标之间的潜在冲突。

政策与方案

城市设计与政策方案密不可分，因为政策与方案会对城市设计干预是否成功产生深远的影响。例如，一个关于建设邻里中心的城市设计提案，确保计划实施的相关政策与物质环境设计本身一样重要，它需要改变土地使用的限制、引导新的投资方向、设法激励业主。政策与方案会增加或减少项目的可能性，限定设计备选方案。毋庸置疑，如果不充分重视政策与方案，就无法实施书中的设计策略。

政策与方案不仅对于设计方案的实施是必要的，而且有助于来平衡由设计干预导致的意料外情况造成的经济成本和社会成本——尤其是动迁。以下给出了一些实例：

- 保持经济适用房的策略（社区土地信托、包容性住房需求）；
- 开发经济适用房的策略(税收抵免、奖金密度)；
- 保护社区资产（开发权转移、对空地和因未缴税而闲置的房地产再利用）；
- 保留出租单元（公寓转换条例）；
- 保证房产入住率（使用竞业条款）；
- 振兴公共领域（税收增额融资、贷款、补助金、债券融资、减税）；
- 将税金分配到需求最大的场地（税基共享）。

尽管本书没有介绍这些政策方案，但读者仍需谨记它们对于城市设计的重要性。

层叠的世界

最后，考虑到城市设计师应学会展示不同方案的技艺，本书的每项练习都有强调设计师在任意议题上能清楚地表达多种设计方案。这一点体现在以图层为单位来组织分析，通过打开或关闭图层来形成不同的设计备选方案。

城市设计师应该善于沟通设计方案，并且明确哪些选项以及这些选项的结果是什么。这些方案与设计过程的结合也十分重要，这样可以对某些尤其适合叠置分析的对象进行探索性分析。通过控制图层的打开和关闭，每一位参与到设计中的设计师都可以呈现出设计对可能的范围产生的影响。

内容概要

本书内容由 10 项练习构成，一共涵盖了 10 类专题，每一类在基于社区的城市设计中都是非常关键的。书中练习可以分为三大类：

1. 整体模式的练习；
2. 优秀社区之形态基本要素的练习；
3. 城市设计中常见的特殊问题的练习。

每项练习分别涉及建成环境中值得城市规划师特别关注的一个方面。

书中的练习将各种设计方法结合起来（手绘、地理信息系统 (GIS)、草图大师、图像处理软件），在城市规划专业和设计专业（建筑学与景观设计）通常会采用这些方法中的一部分。本书的方法具有强烈的地理学色彩，即在 GIS 中利用空间叠加方法并结合区位分析。这套方法也与低技术如徒手草图结合，以强调通过直接观察来感受并记录场地品质的重要性。

设计原因、地点与内容

每项练习由三部分组成：背景、分析和设计，分别对应"设计原因（为何）"、"设计地点（在哪）"、和"设计内容（什么）"。

背景部分阐述设计原因——为何该议题在城市设计中如此重要？为了回答这个问题，每项练习的开始都会列出几个与主题相关的关键文献和简况。例如，思考关于"社区 (neighborhood)"这个概念是以何种方式被定义的，或总结为何地面停车在很多情况下对社区不是好事。

分析部分提供对设计地点的分析，一步步找出所有在设计阶段有用的信息。判断哪里有需要解决的问题以及应该基于怎样的标准去作出决定？哪里需要进行设计干预以及在何处干预效果最为显著？分析部分开篇就会决定哪些信息对于充分理解某个特定的设计问题是有必要的，进而为这些信息提供最恰当的分析以便于缩小设计地点的范围。

最后，为了获得整套设计方案，在每项练习的设计部分会展示一系列步骤，这就是"设计内容（什么）"部分。通过确定改进方案被提出的原因以及实施改进方案的最佳位置，进而决定该采用哪一项具体的备选方案，在指定地点进行怎样的设计干预最有意义。

背景（设计原因）、分析（设计地点）和设计（设计内容）共同构成了每项练习的基本纲要。这些形成了用交互的、探索的方式来生成想法的过程。书中的建议是一组能用来讨论的想法，而非最终蓝图。这些练习作为具有渐进性与参与性的城市设计的工具，意在促进对于每个居住区设计潜能的探索。完成每一项练习并对给出的设计方案进行思考，是评估设计重要性的手段。

设计要素

关于本书的设计过程部分有必要做出一些补充。在很多练习中会用到所谓的"设计要素"。简单地说，它们相对而言较为琐碎（例如：街道设施、市民空间以及各种各样的基础设施），能够使居住区更加宜居，也能够通过组合使场地设计更为巧妙。设计要素的占地面积可以更大（例如广场、绿地、购物中心）也可以更小（例如长凳、人行横道），可以用来活跃气氛、

表0-1

设计要素*

开放空间：广场*、绿地、花园、小型社区花园、大型城市公园、滑板公园、有球场的公园、游憩公园、遛狗公园、游戏场地*、口袋公园*、全龄公园*、绿道*

零售：商业街区、商业广场、拱廊街、中庭、沿街集市、露天集市、咖啡馆、外卖车、报亭、售货亭

道路：人行横道、人行道拓宽*、步道铺装、缘石延伸*、路口窄化*、缘石外鼓*、曲折车道*、路段宽度缩减*、交通环岛*、环形交叉口*、防撞桩*、栅栏和分隔墙、行道树、沿街停车(斜角停车、正进车位倒车出、平行停车)、停车楼、停车标记或计费桩、有篷车位、自行车道、缘石坡道、中分带*、车道分流、*行人安全岛、步行信号、街道彩绘和标记、公交站点、过街天桥和地道、桥、小巷、林荫大道*、主路、多车道林荫道*、林荫道*、人车共享街道*

要素：地标、纪念碑或场地、表演空间或建筑、花床、种植池、乔木、树篱、露台和亭廊、出入口、照明、喷泉和水景、步行桥、标识、遮荫建筑、公共艺术、壁画、雕塑、瓷砖、座椅、坐凳、板凳、门、墙、栅栏

注：带星标的元素请见本书术语表。

软化边界、联系空间以及强调主题，也可以用来突出焦点、创造远景以及建立安全感。

设计要素是提高居住区质量的基本构成要素。当然，不能指望通过随意安置这些要素就能得到一个更优质的空间，这说明了为何相比于设计要素的实际应用，在每项练习的设计原因和设计地点部分要进行更多的思考。本书使用的最主要的设计方法，也正是一个成功的城市设计的关键，即如何在特定的场地安置特定的设计要素。

设计元素主要有两个来源：(1) 书本、网络以及其他图像出版物；(2) 个人经验。首先，在城市中发现对形成优秀场所起作用的要素并记录下来，形成自己的设计元素列表，这个工作应该在设计过程之始就完成。

表1-1 中列举的是城市设计中常用设计元素的基本类别 (注：表格中部分不常用的专有名词请见在书末的术语表)。毫不夸张地说，每个类别都有数以百计的设计可能性，所以以上表显然只是示意性列举而不是穷举式列表。

关于这些设计元素的详细信息可以在很多出版物中找到，如下为一些有用的来源：

- Project for Public Spaces (www.pps.org)
- Dan Burden, Walkable Communities (www. pedbikeimages.org)

- Placemaking on a Budget：Improving Small Towns, Neighborhoods, and Downtowns Without Spending a Lot of Money (Zelinka and jackson, 2006)
- SmartCode version 9 and Manual (www. smartcodecentral.com) (Duany, Sorlien, and Wright, 2008)
- The Great Neighborhood Book, A Do-It-Yourself Guide to Placemaking (Walljasper, 2007)

本书的练习只用到了表 0-1 中的一些元素。本书通常只会使用主要分类，例如"街道升级"或"静稳交通"。实际上这种类别下面还会包含很多不同的方面(比如人行横道、行道树、长椅以及具有装饰性的人行道路面铺装)。此外，本书的重点不在街道改善工程的具体设计细节，而是启发读者思考在设计时重点应该在哪。

练习中所使用的设计元素都用图形符号来表示，符号能够简单地传达想要进行的设计手段。符号图例以及对应的设计手段如图 0-2 所示。

本书练习有关的另外两本书籍也请大家留意，这两本书可谓重要的城市设计策略百科全书，包含了数百页世界各地不同时期的设计元素。第一本书

图0-2

人行道拓宽		绿地	
四角人行道拓宽		中分带	
步行道		综合公园	
斜角停车/沿路停车		停车场	
水景/雕塑		种植池	
环形交叉路口		广场	
行道树		广场	
口袋公园		人车共享道路	
出入口		街道升级	
建筑		街巷改进	
售货亭		步道处理	

代表设计元素的图例可以方便地标出设计策略的位置

图0-3

图0-4

一个社区结构概念的示意：著名的邻里单元(由Clarence Perry提出)的图示

是 Werner Hegemann 与 Elbert Peets 的《美国维特鲁威：建筑师的城市艺术手册》(The American Vitruvius：An Architects' Handbook of Civic Art, 1922)。这本经典读物中有很多精美的插画 (1203 张插图)，它们展现了一些世界上 (20 世纪 20 年代) 最佳的空间与城市，包括购物广场设计、建筑群设计、街道设计以及园林艺术。第二本书实际上是第一本书的后续，由 Andres Duany, Elizabeth Plater-Zyberk 和 Robert Alminana 所著的《新城市艺术：城镇规划元素》(New Civi Art：Elements of Town Planning, 2003)，是在第一本书的基础上提供了一份更全面的设计策略图集。

设计元素的第二个源泉更为直接，即找到最吸引人或令人耳目一新的元素、空间和城市周边环境，用拍摄或速写的方式记录下来。任何参与设计的人都可以通过观察和记录周围的空间、构筑物、街区、建筑、园林和艺术小品，创建一个所需设计元素的视觉列表；也可以在网络上找到优秀的场地并将其截屏保存下来。

列出希望的设计元素清单十分有必要，因为这样既能够形成资源清单，也是一种探索方式。每一位城市设计师都会建议你通过步行、近距离观察、拍照和速写来体验场地，这些方法都可以留下较为完善或能引起兴趣的记录，是进行城市设计不可或缺的方法。

本书中的每一项练习都是基于这样的观念，其中很多会包含一个或多个需要体验的调查步骤。有时候这意味着可以通过速写来体验重要的场地。图0-3 和图0-4 的简单速写也非常有用（速写内容为芝加哥波蒂奇公园地区——本书中的一个研究案例）。

建筑类型

城市设计通常涉及增加新建筑。一般情况下，城市设计师可能会应开发的建筑类型提出建议。SmartCode 这个网站上有很多较为普遍的建筑类型（www.smartcodecentral.com）。SmartCode 是一种基于不同城市密度的分区代码，网站中的表9——"建筑布置"中提及四种非常普遍的建筑类型。

1. 独栋住宅；
2. 侧院（复式住宅、无外院住宅）；
3. 后院（联排、排屋、公寓、大空间建筑、商业街区）；
4. 中庭（内院式住宅）。

马克·布萨利（Marco Bussagli）的《理解建筑》一书中有对建筑类型更为传统的分类，他在"建筑与类型学"这一章中使用了以下分类：住宅、宗教建筑、公共建筑、军事构筑物、塔楼、摩天大楼和灯塔、集体建筑、生产设施、服务设施、交通基础设施、商业建筑、坟墓和墓地。

其他参考资料有：

• 《整组合空间：建筑与设计类型》(Ordering Space：Types in Architecture and Design) Karen A. Franck 和 Lynda H. Schneekloth 编；
• 类型学 (typology)" David Vanderburgh，见《二十世纪建筑百科全书》(Encyclopediaof 20th-Century Architecture)，卷三；
• "类型学——限制下的建筑 (typology—an architecture of limits)" Doug Kelbaugh，见《建筑理论评论顾》(Architectural Theory Review)。

本书的练习要用到以下三类软件：(1) GIS（空间制图/空间分析）；(2) SketchUp(3D 建模)；(3) Adobe Illustrator 和 Photoshop（图像处理）。在近年来，这三类软件变得越来越好操作，软件自带的教程可以让用户在短时间内上手，此外，一些相关的线上资源也非常有帮助。

绘图/空间分析：GIS

本书练习只用到了 GIS 中的一些基础操作：加载并叠加地图图层或 shp 文件，计算距离以确定邻近度，基于特定标准进行选址（地块、建筑以及社区）。该类软件可供选择的产品很多，广为使用的是开源 GIS(免费)(见 http：// opensourcegis.org 或 www.qgis.org)。

在 GIS 和空间制图方面，ESRI 公司的产品无疑已经达到了工业级别（他们的座右铭："通过为世界建模和空间制图来提供更好的决策支持"）。除了 ArcView 软件自带的详细教程，也可以在网上学习 GIS。详情请见 ESRI "虚拟校园"(www.gis.com/education/online.html)。

3D 建模：SketchUp

本书的练习也需要使用 SketchUp 这种能三维展示建筑与整体街区的建模软件。鸟瞰（近似于轴测视角）一条街道甚至整个社区用 SketchUp 很容易做到。这个功能在这几个方面的分析尤其有用：建筑高度与密度的变化、不同的体块之间是否和谐、封闭感以及建筑退线多少造成的影响。

SketchUp 属于谷歌，用户可以轻松地将创建的 3D 模型直接叠置于谷歌地球中的地图上。在"3D 仓库"(http：//sketchup.google.com/3dwarehouse) 中有完整的建筑设计模型和其他材料可供下载并能加载到 SketchUp 模型中。网上的视频教程也很有帮助，详见 http：// sketchup.google.com/training/videos.html。

图像处理：Adobe Illustrator 和 Photoshop

本书的练习使用了这两款图像处理软件在图纸中添加符号、颜色、图像以及文本。

• Adobe Illustrator 是基于矢量的图形软件，

尤其擅长于绘制各种类型的线条和图形。

- Photoshop 是基于栅格的图形软件，专攻数字图像的处理（以像素为基本单位）。
- 这两种工具可以优势互补。
- 类似于 GIS 和 SketchUp，这两类软件都自带详细教程，也有网上的资源作为补充。建议的网站有：
- Illustrator：www.indesign-studio.com/resources/tutorials
- Photoshop：www.webdesignerwall.com/tutorials

软件与数据

书中练习需要使用三类软件：

1. 图像处理软件如 Adobe 系列工具；
2. 用以空间分析的 GIS 软件（如 ArcGIS）；
3. 用以 3D 建模的谷歌 SketchUp。

完成书中的练习仅需要对这些软件有非常基本的了解。只要熟悉基础计算机技能，例如使用鼠标、打开文件和窗口，就能在几小时内达到所需的水平。同时请注意，这些软件都自带教程，旨在帮助新手快速入门，位于软件侧栏都有提示信息帮助用户使用。

书中的每项练习都使用了不止一类软件。多种工具的综合使用十分重要，因为这样可以激发设计者用新的思路去观察、分析以及设计。每种类型的软件都可以用来表达设计理念，当然也各有优缺点。SketchUp 擅长于 3D 展示，但对 2D 图像处理就相对困难。GIS 除了空间分析功能，还可以添加二维图形元素来更好地表达设计思想；在 GIS 中虽然也能做到 3D 建模，但不如 SketchUp 中那样方便、直观。Adobe 系列产品都是很好的绘图和制图软件，尤其是 Photoshop、Indesign 和 Illustrator。当然，从 GIS 和 SketchUp 中导出的任意图像都可以导入绘图和制图软件中进行二次加工，以提高出图质量。

尽管不使用这些软件也可以完成书中的练习，但在掌握其基本操作知识后对于书中练习的理解将更为深刻。最重要的是掌握 ArcGIS 和 SketchUp 的基础知识，其次是 Photoshop 和 Illustrator（参见软件侧栏）。

GIS、SketchUp 和 Illustrator/Photoshop 这三类软件的使用都出于不同且基本的目的，总结如下：

GIS

- 查看图纸中与其他图层相关的某一图层的数据；
- 确定某物附近或一定距离内存在哪些要素；
- 基于特定的标准选择一组位置或元素。

SketchUp

- 三维展示街区以及建筑群，尤其是用轴测视角（低空飞行器视角）。

Illustrator/Photoshop

- 在图纸中添加图形符号和文本。Adobe Illustrator 通常用于图形绘制。当在地图中导入数字图像时，Photoshop 更适合。

书中的练习需要用到一些基础数据，例如地块使用现状、建筑基底范围和高度、街区范围、道路宽度以及一些社会人口信息。此外，航拍图像也十分重要。理想情况下，这些图层都能够作为 GIS 数据使用。请注意，数据在这里被称为"图层"，因为各组数据之间需要叠加，这与麦克哈格 (Ian McHarg) 在《设计结合自然》中用透明塑料膜的做法类似。

读者可以选择任何感兴趣的地区进行练习，可以选择某一个人口普查区 (census tracts，最常用的空间单元) 或普查街区组 (census block group，一个更小的空间单元)。如果考虑到需要足够多的研究资料来进行分析和设计，也许由 10 ~ 15 个人口普查区组成的集群最适合。

通常用人口普查区和普查街区组来替代社区，因为这样能够简单地获取大量社会经济数据。需要留意的是，社会学家通常使用人口普查区来定义社区边界，

表0-2

Portage 公园社区 2000年人口普查部分统计指标	
人口	65340
每平方英里人口	16147
白人百分比	69.5
西裔百分比，1990	7.8
西裔百分比，2000	23.0
黑人或非洲裔百分比	0.51
亚裔百分比	3.78
15岁以下人口	22.4
65岁以上	18.4
家庭收入中位数	$ 45117

这种做法并不完全是随意之举，人口普查区的边界最早是由地方数据用户委员会根据物质环境特征以及对社会经济格局的了解来界定的。

案例研究

本书中所有练习使用的案例都基于芝加哥西北部的波蒂奇公园 (Portage Park) 社区。郊区内环区域，也称"一线郊区"，是进行案例研究的优先选择，这类区域内的社区往往有着显著的发展需求，城市设计显然十分必要。最近的研究强调了这些地区面临的发展压力——部分区域的士绅化和搬迁，并且有明显的投资缩减和疏于管理等问题 (Orfield, Puentes, 2002; Hudnut, 2003)。这些老旧郊区在基础设施和基本服务方面存在明显的退化。与此同时，近来涌入的移民使这个地区人口在不断增长，这又为城市设计干预提供了很大的可能。

波蒂奇公园有着众人耳熟能详的过去。该地区 19 世纪末期曾经是依靠铁路通勤的街区，后来被芝加哥合并，现在的人口已经超过了 65000 人 (2000 年人口普查结果)。曾经，这个社区主要为波兰裔居民，但就像在芝加哥的其他内环郊区一样，该地区内西班牙裔人口在过去 20 年来迅速增长。波蒂奇公园地区用地类型广泛，包括工业、商业以及公共交通，除此之外还有很多学校、公园以及当地的机构，房屋类型和建筑年龄也大相径庭。波蒂奇公园一带是城市中最能体现社会多元化的地区之一，主要体现在收入、种族、年龄以及家庭类型这些方面。

本书练习中最重要的第一步在于弄清该地区的人口概况，通过一些网站可以获取广泛使用的人口信息，例如 www.census.gov，www.socialexplorer.com，www.epodunk.com 或者 www.trulia.com。表 0-2 列举了关于波蒂奇公园社区的一些关键的社会经济变量。

图 0-5 展示了波蒂奇公园与芝加哥市中心（卢普区，LOOP) 的相对位置，以及与芝加哥其他地区人口密度之间的对比。从这张地图中可以看出，波蒂奇公园是一个人口相对密集的社区，作为一个多样化的且老旧的城市社区案例将非常合适。

图0-5

一系列符号（代表设计元素）可用来简单描绘设计策略

西雅图，华盛顿州

由Abigail Keenan 提供

第一组

更大的图景

需要大局观的城市设计问题，可以在不同的尺度上解决。有些大尺度的设计议题涉及整个区域，但也有一些小尺度的设计议题涉及单一的城市空间。要注意的是，城市设计议题的范围有一些问题特别重要，需要在更广的范围内考虑，并在特定的位置、街道的一段或单个街区或建筑物之外有更广阔的视野。区域的放大和缩小决定了可以应用的设计元素的范围。一些设计议题，例如连接性，在任何规度上都是相关的。

在城市设计中，从更一般到更具体，取决于空间尺度，而此类设计议题涉及更大的图景。第一组练习就是针对这种更大尺度上的设计策略。

- 社区：社区的定义虽然多种多样，但其是城市模式的构成模块；

- 样带：样带考虑的是从农村到城市梯度变化的城市密度模式；

- 联系：跨多个区域的联系是非常关键的。

伊斯坦布尔 土耳其

图片来源: Luke Michael

练习1
社区

背景

社区 (Neighborhoods) 是非常棘手的事情。人们很难定义它们是什么，特别是从社会的角度。因为对"社区"的含义有很多不同的解释，人们常说"社区"的定义在旁观者的眼中。有些人认为以空间定义的社区在任何情况下都是不切实际和不着边的，因为人们并不会被局限在一个特定的区域内。

然而，对于城市设计者来说，社区是城市区域的基本空间单元。事实上，即使人们在远方营生，在本地的环境所发生的事情也是非常有意义的。建立整体社区结构对于城市设计来说非常重要的，因为它有助于决定最重要的区域（例如，根据社区的空间配置方式确定社区中心区域的位置或选择哪些中心需要予以支持）。

大多数情况下，社区结构是由人们居住的地方与他们日常所需的商品和服务设施之间的步行距离决定的，通常是一个四分之一英里到一英里半径的圆形区域（参见下面"尺寸／形状"下的讨论）。以步行距离作为基准有很多优点，例如，许多人认为，适宜步行的社区对于社区居民创造社区认同感、增强社交联系、共享公民文化、甚至是增强居民身体健康都是必要的。

一个紧密结合的社区被认为更有能力进行地方治理和解决当地规划问题。更实际的是，众所周知以步行为主的社区环境会增加居民步行，因而减少对汽车的依赖。在这样的社区内，所有类型的日常生活需求（至少是潜在的需求）都能得到满足。

当城市设计围绕着可步行社区的理念进行组织时，有些形式上的原则要注意。在设计方面，理想的社区通常包括：

· 公共建筑和地方机构所在的中心（政府行政办公设施、社区设施和其他类型的会议场所）；
· 用来帮助定义和连接，而不是用来隔离的边界；
· 有助于确保社会多样性的混合住房类型；
· 不同功能的混合，尤指学校、公园和当地的购物场所；
· 不同等级的街道，用来分离本地和穿越交通，同时也连接不同的边界。

图 1-1，图 1-2，图 1-3 展示了三种关于社区结构的设计模式。图 1-1 所示的是最著名的 Clarence Perry 的邻里单元。

从城市设计的角度来看，社区的概念通常有三个维度的变化：

1. 规模／形状；
2. 功能；
3. 形态。

规模／形状

规模意味着区域（面积）以及距离和形状：社区是否有中心和边界，以及社区的平面形状是否是由圆、正方形或多边形构成。社区规模通常被定义为半径为 1/4 或 1/2 英里的圆形，或者，也可以根据 160 英亩为单位或四分之一的"块"(section) 来确定大小，这些"块"的单位由"公共土地调查"(Public Lands Survey) 划定，该调查在 18 世纪晚期将美国相当大一部分地区划分成网格。社区 (neighborhood) 的尺寸最小可以小到 40 英亩。

社区的尺度随其位置、密度和"边界"的类型改变而变化。无论是人为的还是自然的边界，其边界特征或类型都可能不同。在城镇中，休闲区、绿道、校园和高尔夫球场可能会区分不同的社区。在高密度地区，一个社区的边缘可以轨道交通线和交通繁忙的街道来定义。

功能

功能与在社区内进行的活动和土地用途有关。理想情况下，社区的使用是混合的，包括服务于社区居民日常生活的用地和设施：商店、学校和各种服务于当地客户的机构。此外，社区通常包含多种住房选择，尤其是经济适用的公寓选择，如带有车库公寓和其他类型的附建房公寓、临近购物中心的公寓和在商铺楼上的公寓。

图1-1

社区结构概念之一：Clarence Perry关于邻里单元的著名图示

图1-2

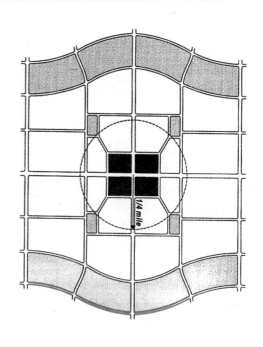

另一种社区图示：生活社区(右图)和公交导向的社区(左下图)
来源：新城市主义词典(The Lexicon of the New Urbanism)

图1-3

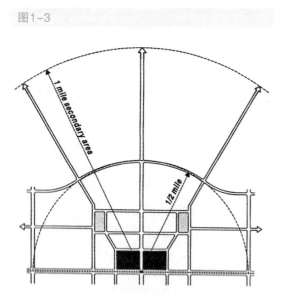

这些功能设施的位置也很关键，社区可能会为公共空间、公共建筑或商业用途设施优先预留位置。中心既可以在实际的地理中心附近，也可以沿着主要道路而位于社区的边缘。不同大小的广场可以分散在社区各处，也可以集中在一个地方，形成专用功能的场所。公共建筑可以位于街道终点的重要位置。服务于更大规模的、区域性的功能，可能布置在社区边缘而非中心。

形态

"形态"是指道路、街区、地块和建筑物的空间格局。这种格局会对社区品质、特点和功能产生显著影响。道路的布局对社区的安全和功能效率尤为重要。街道布局不仅划定建筑场地所在的街区结构，而且会影响到交通情况。应予以着重考虑的一个问题是，是否应避免地方交通了连结区域性道路，或是否应禁止通过性交通进入当地街道。一种理论认为，街道的相互连接模式提供了多条道路来分散交通，可以减少社区的拥堵。

传统社区的形态（第二次世界大战前）与二战后的郊区发展形成鲜明对比，这种对比主要基于道路布局（Southworth & Ben-Joseph，2003）。一个常被提到的问题是，新住宅区的街道模式中沿支路的车辆通过一些交叉口汇集到主路上。这使得过马路很危险，并且表明了这种发展模式更多地考虑到车辆的需求而不是行人。

除了道路模式，不同尺度的、与开放空间有不同关系的街区，形成了不同类型的社区。有些人认为在一个社区中混合不同类型的街区是可取的，因为这会产生多样性。不同的街区类型对地块的规模和规律性有不同的潜在影响（例如，此地块是否有特殊的形状或者保持形状的一致性，街区内是否能容纳小巷）。面积更小、更多样的街区和地块往往有利于成为社区中心。

分析

这个练习的目的是在给定的区域内描述一组社区的空间边界。在这个整体框架中的每个社区都有一个空间轮廓（大小、形状）和一个中心。这个总体任务是设计一个社区框架——由不同层次的信息组合而成的一组社区。因为不同的居民对社区的位置和边界会有不同的看法，所以提出多个构形样式是很重要的。

步骤 1：首先，基于对中心位置的初步假设，了解社区目前的"覆盖"情况。

通常，中心区域如街道交叉口、学校和公园这样的公共空间以及商业区被用来营造一系列的"人行区域"。区域大小一般是绕中心区域步行 5 分钟范围内或距离中心半径四分之一英里的范围。假设所有主要的十字路口和公共空间都可作为社区中心，**图 1–4** 显示了 Portage Park 区的"覆盖情况"。这个地区几乎每个人都有一个可步行到达的社区中心。当然，当我们再深入分析，很容易发现并不是所有的主要路口都可能发挥社区中心的作用。**图 1–5** 是一个例子，显示

图1–4

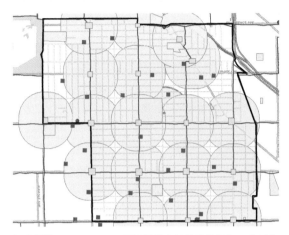

初步评估：Portage Park园区的绝大部分区域位于1/4英里的步行区域内

图1–5

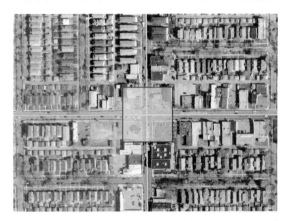

并非所有的主要交叉口都能起到邻里中心的作用。上图的交叉口周边界定很弱，就不适合

了一个交叉点，至少在其现有形态中显示了有称为社区中心的潜在可能性。

步骤 2：构建用于划分社区边界的信息层。

在描述一组社区时，需要考虑到许多变量。在某种程度上，这将取决于可得到的数据。相关数据可以是政治上、社会上、经济上甚至是文化上的，也可以

利用土地利用和社区形态的特征。

从政治／人口变量开始，以下示例中使用了四个变量：

图 1-6 中的地图显示了由芝加哥市政府确定的社区边界，许多城市都有这样的社区地图。如图所示，Portage Park 旁有六个不同的社区边界。这些社区是由城市规划部分规划师划定的，他们可能使用了从当地居民那里收集的信息。像这样的历史性边界可能会影响整个社区结构的设计。

图 1-7 显示了覆盖了整个 Portage Park 区域的 12 个普查区域 (census tracts)，这些普查区域的边界依主要街道划定。请评估这样的社区范围是否与人口普查区域具有一致的价值，如若有如下前提的话：

· 这些区域是以主干道为界；
· 这些区域划分在最初划分土地的时候可能是有意义的；
· 很容易观察到这个地区社会人口的变化。

治安辖区是另一种社会划分区域的方式（图 1-8）。这些区域的边界界定了警察的巡逻范围，因此这里的空间组织形式是基于社区监督的方法。

图 1-9 所示的地图分为两层：按街区划分的人口密度和按商业地块划分的人口密度。深色的表示有较高的密度。商业用地与人口密度之间存在一定的对应关系。请思考，这些人口密度较高的区域是社区中心最合适的节点吗？

图 1-10 中的地图显示了商业区域（红色）以及潜在"边缘"的航空图像（在这种情况下为不易穿越的地方）。这些地区是通过仔细检查航拍照片确定的。白色区域以外的是"阻塞区"，即大型公共、商业和工业地产、大片空地、主要交通走廊或者那些可能禁止随意穿越的园区。这些边缘或阻塞如何影响社区结构？它们应该被纳入到社区中，还是作为其空间范围的边界？

还有更多的传统变量可以用来划分社区。首先要确定已知的"中心场所"——重要的商业节点、市政或公共空间，或可被设想为社区中心的交叉路口（社区可以结合这些场所建立起来，找到自身特征，并

图 1-6

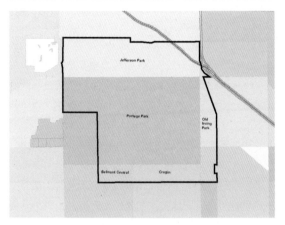

官方划定的Portage Park区域的社区

来源：芝加哥市政府

图 1-7

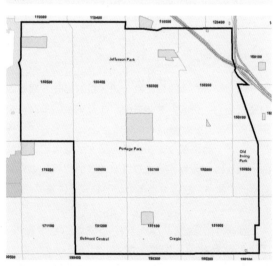

人口普查区域(census tracts)有时被用作社区的代表

来源：2000年人口普查

加强其公共和机构性的基础建设）。如图 1-11 所示，Portage Park 的中心位置主要由公园、学校等公共场所以及主要路口组成。

最后，主干道可以用来界定一个街区的中心抑或边缘，图 1-12 显示了 Portage Park 园区的街道分级和布局（由三种不同的线宽表示）。

图1-8

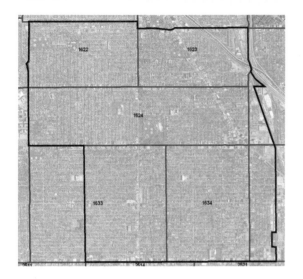

Portage Park区域的治安辖区

图1-9

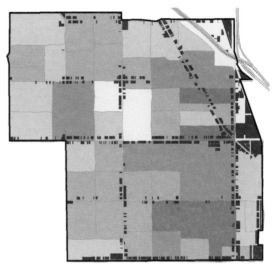

人口密度和商业用地是考虑划分社区的另外一类因素

图1-10

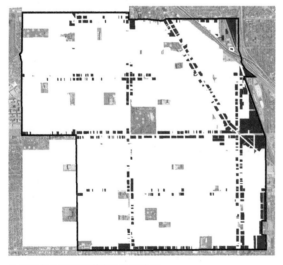

白色以外的区域是潜在的社区边界

图1-11

传统的中心场所：公园、学校和主要机构

图1-12

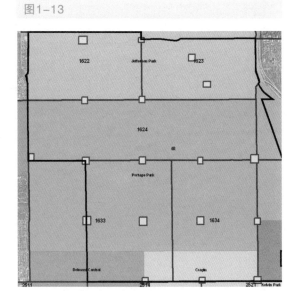

图1-13

波蒂奇公园区域的路网等级：深色道路的交通量更大

图层叠合：中心、社区和治安辖区

图1-14

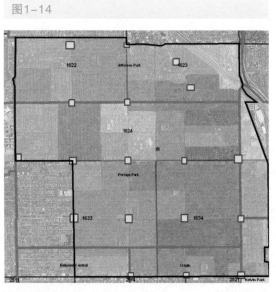

图1-15

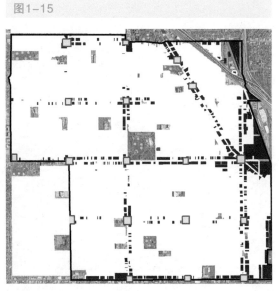

另一种图层叠合：中心、社区和密度

第三种图层叠合：中心、商业区域和边缘

图1-16

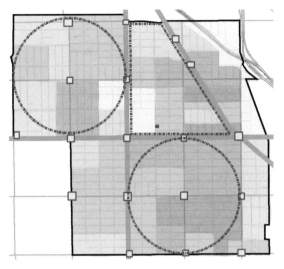

一种可能的社区组合

图1-17

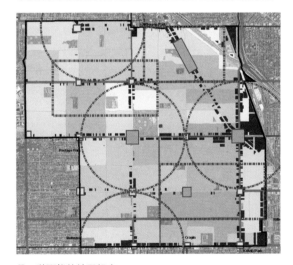

另一种可能的社区组合

设计

步骤3：使用步骤2中获得的信息，创建一个或多个规划的社区组合作为一个框架以覆盖整个大范围的社区。

之前曾经采用半径为四分之一英里的圆大小的范围步行区，现在尝试用以下的因素作为划分社区大小的依据：边界的影响、中心的强度、交通要道的位置、商业空间以及在前两个步骤中获得的政治和人口信息——人口密度、治安辖区、人口普查区（census tracts）和现有的社区（neighborhoods）划分。作为参考，社区（neighborhood）的大小通常有以下几个等级：

· 40 英亩（通常被视为最小面积，1/4 英里见方）；
· 125 英亩（1/4 英里半径的步行区）；
· 160 英亩（0.5 英里见方）；
· 500 英亩（0.5 英里半径的步行区）；
· 形状也可以是不规则的。

开始描绘的时候，尝试结合不同的信息层，深刻理解这些数据的意义并且思考数据之间的联系。例如，下面三幅结合了信息的社区中心的图：

· 行政定义的社区和选区结合（图 1-13）；
· 行政定义的社区和人口密度结合（图 1-14）；
· 商业区域和边缘结合（图 1-15）。

图 1-16 和图 1-17 显示了两种社区划分方案。图 16 中社区中心较少（**图 1-16**），社区边界由现有的交通繁忙的大道来划定。此外，社区的形状和规模也可以不同，因为亦可以根据每个中心的强度和功能确定社区范围。**图 1-17** 显示了围绕线性中心（街道区域）的矩形状社区和围绕小型机构建筑或社区级零售店周围的 1/4 英里半径的步行区。区域性设施可能会有更大的服务半径（高校、购物区域和办公区域），或者几个 1/4 英里半径步行区的交汇处其服务范围半径也会更大。轨道交通站点也是更大地理区域的中心。

课后问题：

社区划定是一件富有创造性的过程，有许多问题需要提出，这些问题的多解可能会产生新的信息层用于描绘整体的社区框架。这里有一些例子：

· 哪些中心是最重要的？考虑在目前服务不足的地区建议社区中心，特别是人口密度高的地区。增加现有中心的规模，使其更具有"吸引力"（即可以服务于更大的地理区域）可能是一个好主意。

· 将中心放置在公共空间（尤其是公园）的附近可能是有利的，这样可以创建更好的区域来增强凝聚力并支持社区扩大规模。这类中心的位置不一定位于地理位置的中心。

· 现有的社区类型和中心是否比其他类型的社区类型和中心（例如学校、公园、商业区或作为中心的十字路口）更好地服务于波蒂奇公园整个大社区？这个区域是否较好地为某类中心所覆盖，而其他类中心则不行？

· 确定哪些主要道路没有起到边缘或中心的作用。在主要道路中选择适合作为边缘或中心的位置，以将其发展成为具有公共价值的地方。

· 找到每个现有中心的优点。有时一个中心在一个特征上具有优势，在另一个特征上处于劣势。评价适合某个地方的优劣势是可行的。在人口密度较低的地方建一个商业中心合适吗？一个人口密度高且位于主要道路交叉口的地方是否需要一个中心？

· 有没有这种情况，将两个社区联系在一起可能是有利的，那么是以一个强大的中心服务于周边的区域，还是该中心仅仅服务

于一个小的、明确的区域呢？

· 这个社区是否不止有一个中心？也许有两个较小的中心通过商业走廊相连。可能有两个中心靠得很近，在这种情况下，中心和社区的形状可能会被拉长。

· 将一个社区保持在现有的行政定义的社区内可能是有价值的。另一种选择是，需要将较大的、结构较弱的社区连接在一起，建立一个位于中心位置的、能够发挥功能的中心。

· 可以按照治安辖区来划分社区，从而利用现有的警察巡逻空间范围。这种划分方式可能对社区的组织和社区的管理有一定的价值。

· 应该以主要道路来划分社区吗？或许这种以主干道为界往往是更有利的做法。然而，在有些情况下尝试用一条主干道作为社区中心将沿着道路两侧的区域连接起来，也可能是可取的，尤其是当主干道穿过行政界定的社区、治安辖区或者有明确边界界定的区域时。

社区的认知描述

这里再介绍一种非常特殊的划分社区的方法：通过对个体居民的调查了解他们如何界定自己的社区。心理学家爱德华·托尔曼 (Edward Tolman) 在 20 世纪中叶提出的"认知地图"概念，已被许多规划师应用，其中最著名的是凯文·林奇 (Kevin Lynch)。

这种划分社区的方法强调了一个事实，即每个人对他们的社区由什么构成都有自己的想法。许多人认为，个体对社区的定义与意义的描述，与社区将呈现的未来蓝图之间似乎无关紧要。另一方面，将个体的认知地图聚集起来可以产生另一种社区信息的图层。

日本，银座

图片来源：Redd Angelo

练习2
样带

目的: *基于城市到乡村的样带思想进行新的分区图设计*

背景

区划对社区的设计有着极大的影响。作为与区划及其管理联系最密切的人，规划师可以通过建议彻底改变那些依照传统方法忽视其对设计影响的现有区划，从而极大地影响场所设计。通过创新性的理念，如以城乡断面作为区划的基础，规划师可以对设计产生很大的影响。

"断面"是一种分析方法，它将城市元素——建筑、地块、土地使用、街道以及所有其他人居环境的物理特征——按照保护不同类型的城市和乡村环境的完整性来组织 (Duany, Sorlien, and Wright, 2008)。这些环境连续不断地发生变化，从低强度（农村）到高强度（城市）。无论是城市、农村还是二者之间的其他地方，都要坚守这个系统的组织，努力强化其个性。应避免元素的混杂，如城市环境中的乡村元素，反之亦然。

发现城镇（或城市）与乡村（或自然）恰当结合的方法是一个引人注目的课题。尽管把"人造世界"视为"自然的"是可以的，但更宜将之视为与自然界的鲜明对比。样带提供了一种找到正确平衡的方法。它融入了生态规划的传统，更注重整合性而非边界驱动。样带方法不是通过强调城市而非乡村划分的物理障碍来阻止城市增长，而是寻求连续地连接和整合这两类区域。因此，样带可以被认为是城市设计的一种环境构思方法。

城乡整合的断面法是对区域分散化的田园城市理念的更新。这种修正包括了更多样化的发展类型，更加注重城市各要素在城乡梯度的相互联系。这样做的好处是可以包纳更多的发展选择，在土地开发过程中注入更多的现实主义意识。这个方法还聚焦于根据现有的开发模式的需要进行工作。

样带不是把田园城市放在一个区域中，而是试图在一个区域框架中定位一个更复杂的开发类型模式（称为"沉浸式"环境）。然而，保留下来的是一个明确的重点，即确保城乡整合不会在这个过程中抹杀城市或乡村的特点。

这种方法之所以引人瞩目，是因为它为指定人类栖地的变幅提供了基础——可以很传统的区划那样制定规范，但却有着却截然不同的目的和方法。近年来已有一些将断面思想应用于设计规范的尝试。Duany, Plater-Zyberk and Co. 所编撰的 SmartCode 是最好的例子。这是一种基于断面的规范系统 (coding system)，可以识别出六种分区或强度级别：

1. 乡村保留区 (T1)；
2. 乡村保护区 (T2)；
3. 近郊 (T3)；
4. 一般城区 (T4)；
5. 城市中心 (T5)；
6. 城市核心 (T6)。

有一类"特别区"指的是机场和大学校园等大型设施。图 2-1 及图 2-2 说明了每类地区的特征。

每个城镇都有其城—乡环境体系。这些环境有的是沉浸式的，即其中的元素遵循相应的强度水平。其他区域则是多种城市化强度的混合物（例如，玉米地中的摩天大楼是农村环境中的城市元素，也是样带理念所不倡导的做法）。这个练习演示了构建环境的各种元素如何相互配合（或各自为政）。这个练习还显示了基本元素如街道宽度和门廊前院可以被用来对场地的特征进行规范。通过视觉检查和图层数据，达到根据样带生成一个新区划图的最终目标。

本练习中使用的一些方法改编自第 9 版的 SmartCode 及手册 (Duany, Sorlien & Wright, 2008)。在此感谢 Duany, Plater-Zyberk & Co. 将纲要调查 (synoptic survey，一种用于环境分析的标准方法) 应用于人类栖地中。更多关于样带和 SmartCode 的信息可以在 http://smartcodistrandal.com 获得。

> 注：本练习使用四个样带—— T3 到 T6——来展示 SmartCode 中提出的样带变化的全部范围。不过，请记住这是一个长期的、面向未来的视角，因为 Portage Park 在近期不太可能有包含真正的"城市核心"条件。

图2-1

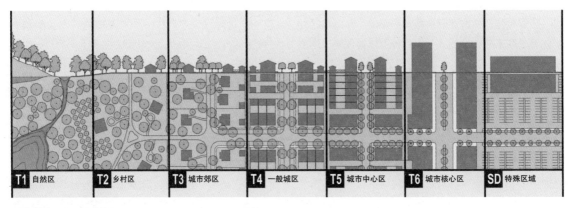

| T1 自然区 | T2 乡村区 | T3 城市郊区 | T4 一般城区 | T5 城市中心区 | T6 城市核心区 | SD 特殊区域 |

样带区域：从乡村到城市

图2-2

T3

T-3城市近郊

城郊住宅区由低密度住宅区组成，毗邻具有更高密度的混合土地使用区。允许家庭职业和附属建筑。种植是自然式的，建筑后退较多。为适应自然环境，街区可能很大，道路不规则。

总体特征： 独立式住宅周围的草坪和庭院景观；有零星行人
建筑布局： 较大的、形式不同的前院和侧院退界
临街类型： 门廊、栅栏、自然式栽植
典型建筑物高度： 1～2层以及部分3层
公共空间： 公园、绿道

T4

T-4 一般城区

一般城区由居住肌理为主的混合用途的土地组成。它可以有多样的建筑类型：独栋、侧院和排屋。退界和景观也可以是多样的。街区尺度中等，由有路缘和步道的道路界定。

总体特征： 独栋住宅、排屋和小型的公寓建筑混合，有分散的商业活动；景观与建筑之间的平衡；有行人
建筑布局： 较短至中等的前院和侧院退界
临街类型： 门廊、围栏、前院
典型建筑物高度： 2～3层，有少量较高的混合用途建筑
公共空间： 广场，绿地

T5

T-5 城市中心区

城市中心区由较高密度的混合用途建筑组成，可容纳网络零售、办公室、排屋和公寓。有紧凑的街道网络，有宽阔的人行道，人行道旁有行道树和建筑。

总体特征： 商店与联排别墅、较大的公寓房屋、办公室、工作场所、市民建筑物混合；公共通行范围内的树木；大量的行人活动
建筑布局： 较短或没有退界，建筑朝向街道并界定出街道界面
临街类型： 摊位、店面、画廊
典型建筑物高度： 3～5层，夹杂一些变化
公共空间： 公园、广场、中等大小的景观区域

T6

T-6 城市核心区

城市核心区密度最大、建筑最高、土地利用最为多样，并有区域重要性的公共建筑。其街区尺寸可能更大，建筑和行道树与宽阔人行道紧邻。通常只有城市和大镇才有城市核心。

总体特征： 中等至高密度的土地混合利用，包括娱乐、公共和文化建筑。建筑物相连形成连续的街道界面；在公共路权范围内有乔木，最高密度的行人和交通活动
建筑布局： 较短或没有退界，建筑物面向街道，形成街道界面
临街类型： 摊位、前院、店面、画廊和拱廊
典型建筑物高度： 4层以上，以及少量更矮的建筑
公共空间： 公园、广场、中等大小的景观区域

每个样带在形式和用途上都有不同的规定

26

概况调查

概况调查通常用于环境分析,通过发现某场地所包含的栖地(或"群落")来确定该场地的特征。其目的是确定每种栖地的价值,以便针对性地提出每种栖地能需要的保护程度和恢复类型。每一个栖地都是由微气候、矿物质、湿度、植物区系和动物区系组成的具有一定功能的共生群落。

在环境分析中,概况调查是一个系统的视觉检查以确定典型的栖地:这里有一片湿地,那里有橡树吊床,那里有露出地面的岩石。然后利用剖切和样方方法对最具代表性的地点进行深入分析。"断面"是对地上和地下条件的同步分析,包括钻孔以确定诸如土壤条件、地下水位和考古学等方面。

图2-3

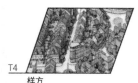

T4

样方   断面

样方分析包括计算给定区域内的元素。断面分析需要对环境进行切片分析并测度其特性。

"样方"分析包括取一个标准面积(例如100×100英尺),在这个面积中,区分出植物区系和动物区系并列出数量。

用于分析自然栖地的概念和方法——概况调查、样带、断面和样方,也可以扩展到城市化地区。图2-3显示了对城市和自然环境的一些剖切分析案例。

选 自SmartCode version 9 and Manual(Duany, Sorlien, & Wright, 2008),详情可见http://smartcodecentral.com.

分析

步骤1:仔细检查研究区域的现状区划图以得到一个基线情况

芝加哥Portage Park地区的区划见图2-4所示。请注意该区域中的多种分区,及其不同的大小和形状。这里面的不同用地类别,每种都有自身的一套许可用途、密度、后退要求和其他标准的规则(www.cityofchicago.org / registration)。Portage Park区有28个独立的分区类别。采用样带法的区划将极大地简化了这种复杂性,只使用了四类建筑环境(以及另外两类自然的、未建造的土地)。

步骤2:根据样带质量检查现有区域.

大多数像Portage Park区这么大的城市建成区已经有了一系列样带区域,尽管这些样带不太可能在每个案例中都是高度沉浸式的(每个元素都符合它在样带沿线的位置)。为了了解这一点,检查可能存在的四个样带中每个样带的主要维度和要素,包括私人地块和公共通行空间内的要素。记录符合**表2-1**所示的每个样带一般特征中的关键要素。将这些信息综合起来,可以发现表2-1所示的每个区域的元素列表为Portage Park区存在的样带变化提供了很好的线索参考。

步骤3:构建用于确定样带位置的图层.

为了描绘样带,有一种方法是使用街区作为分析单位,并为每个街区分配一个特定的样带特征。在下面的例子中,使用了三个标准:

7. 主要街道及其邻近的大厦;
8. 按街区计算的密度;
9. 土地使用密度。

图2-5、图2-6和**图2-7**显示了Portage Park区的这三个图层。**图2-5**显示分为两类的街区:邻近Portage Park主要街道或林荫大道的街区,以及不邻

近主要街道或林荫大道的街区。图 2-6 显示了标定了密度水平的街区。密度是根据街区群层面的人口普查数据确定的。根据在 Portage Park 发现的密度范围，街区被划分为五个密度类别。

图 2-7 使用来自郡税务评估员的地块数据确定构成土地使用强度。每个地块分为四种用途类别：

10. 独立式户独栋住宅；
11. 住宅公寓、排屋、联排住宅；
12. 商住混合；
13. 非住宅（商业或工业）。

接下来，每个街区根据街区的土地使用构成标定土地使用强度等级。具体而言，使用了以下标准：

- 第一级：独立式户独栋住宅占该街区土地面积的 50% 或以上。
- 第二级：独立式户独栋住宅不到 50%；此外，在同一街区还有住宅公寓楼、排屋和联排住宅。
- 第三级：排屋、联排住宅或公寓楼所占的地块百分比大于该地区的百分比中位数（在本研究区域，大于 23%）。
- 第四级：混合商业 / 住宅、商业或工业地块的百分比超过 30.5%，占所有街区的前 40%。

这里使用的三个层级是样带变化（形成不同样带类型）的主要原因，但不是全部原因。其他可以使用的层级包括：

- 私宅临街空地（按地块分类）；
- 公共临街空地（按地块分类）；
- 开放空间类型。

这些可以作为额外的层级，其中每个地块或街区分配一个值，然后将层级组合起来得出每个区域的边界。确定不同街区的这些值很可能需要结合户外工作和高清航拍图进行检查。

设计

步骤 4：根据样带类别创建一个新的区划图

这个练习的设计干预范围包括：首先生成一个新的区划图，然后更详细地描述每个区域。如上所述，样带分区图比现有的区划图简单得多，区域数量也少得多。

最终的样带区划图，如图 2-8 所示，是步骤 3 中派生（步骤 3 中得出的三个图层的组合。具体来说，使用居住密度（每英亩住宅单元数量）、街道类型和土地利用强度，表 2-2 显示了用于将每个街区分配到各样带类别的各层数值的组合。例如，如果一个街区不在主要道路上，密度低于 60%，土地使用密度为"一级"（独栋住宅占该街区土地面积的 50% 或以上），那么该街区将被标定为 T3 样带。

图 2-10 是 Portage Park 区局部的三维视图，该图显示了与建筑密度和形态有关的样带分区类别。从图中可以看出，周围有一些公寓楼的公园有着高强度(T5) 样带，而最高强度样带 (T6) 则处于主要商业走廊沿线的街区。商业部分越显著（图中右侧），地块的强度越高。其他街区因随着与公园和商业走廊距离增加而强度降低。

通过叠加含有不同信息的图层可以得到样带，根据需要应更为仔细地查看航拍地图和访问选定地区以对样带的边界进行微调。

步骤 5：选择四个具有代表性的地区进行深入研究

使用地图（图 2-8）为样带 (T3、T4、T5 和 T6) 的四个已建设区域选择代表区域。访问选定的四个区域并进行现场观察检测，核实这些区域大体可作为四个样带的代表；如果不可以，考虑微调地图并选择新的代表区域。

在这一点上，如果要校准实际的规范，就有必要对城市要素和特征进行更详细的测度。可以从记录城市剖面（一个横截面）开始，然后是每个区域的城市样方（平均度量）。对于断面，SmartCode 建议记录公共领域（街道、人行道）和私人领域（建筑临街空地，建筑物）的横断面。拍摄元素并绘制成横断面，用卷

表2-1

波蒂奇公园园区样带描述*

	T3	T4	T5	T6
土地用途及建筑物	住宅	住宅、联排别墅、有限的商业建筑	联排别墅、公寓、宾馆、办公楼	高层和中层公寓、办公楼、宾馆
私人临街空地	草坪、门廊、栅栏	门廊、栅栏	摊位、店面	摊位、前院、店面
公共临街空地	露天洼地、自然式种植	高路缘、狭窄的人行道	立道牙、宽敞的人行道	立道牙、宽敞的人行道
通道	道路	街道、后巷	林荫大道、林荫道、街道	林荫大道、林荫道、街道
开放空间	公园、绿地	广场、运动场	广场、运动场	广场、运动场

*改编自 SmartCode 中对每个样带的一般性描述,并包含与波蒂奇公园社区最相关的元素。

图2-4

Portage Park区内有28类分区

尺或计步法进行测量。如果建筑物的高度未知，可以通过测量已知高度的某物（例如人）的影子长度得出比例，并将同样的比例根据建筑物的阴影估计建筑物高度。

对于样方来说，SmartCode 建议选取一个四英亩的区域，记录地块覆盖率（建筑物的平均面积除以地块的平均面积）、平均地块宽度、平均地块长度、停车位数量（街上与街外）、住宅数量（单位每英亩）、附属单位数量和街区周长的集合比率或平均测量值。

步骤 6：校准样带

SmartCode 提供了一个起始表（SmartCode 中的表 14），它为每个样带提供了大体的通用参数。在全面的重新编码工作中，在适当之处应将样方和剖切测量步骤中记录的一切都输入到这个表中。

表 2-3 为一个简化版本，提供了 Portage Park 区每个样带类别的说明，采用特征区域的平均值填充。

如有需要，还可以增加地区边界（如医院、校园、博物馆和工业园区），以及 T1 保护区（保护地）和 T2 保护区（未来保护地）边界。

请注意，样带划分还涉及一个确定与新样带不一致的区域的过程（例如，街区超过最大目标周长、密度过低或地块宽度过大）。这些地区可被确定为"过渡地区"，构成新样带分区规则允许根据样带密度和性质而不是土地使用情况进行演变的地方（如同传统上的分区）。根据样带理论，这种不是对使用率和容积率的处方式规定而是基于城市形态的演进，这种设计将产生更复杂且令人满意的城市生活。

图2-5

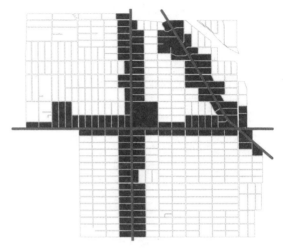

样带划分的第一个标准是：主干道附近的街区

图2-6

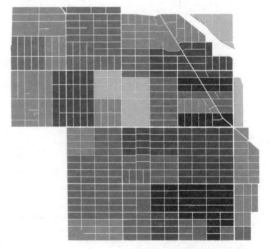

第二个标准：按街区分列的人口密度(颜色越深密度越大)

表2-2

样带标定规则

	T3	T4	T5	T6
街道类型	不在主要街道或林荫大道上	不在主要街道或林荫大道上	在或不在主要街道或林荫大道上均可	在主要街道或林荫大道上
密度	密度低于60%	密度低于60%	密度低于80%	密度高于20%
土地使用强度	一级	二级或一级及三级T区	三级	三级或四级

图2-7

第三个标准：现有的土地使用强度(颜色越深密度越大)

图2-8

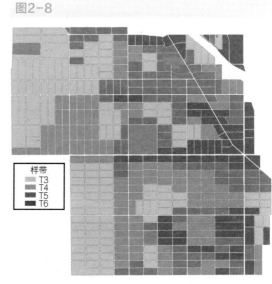

建议的波蒂奇公园园区样带

图2-9

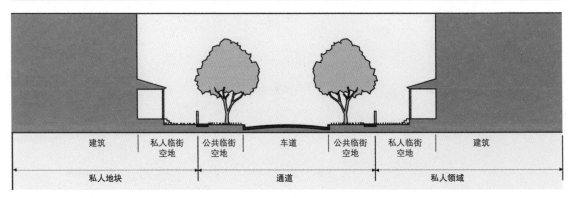

建筑	私人临街空地	公共临街空地	车道	公共临街空地	私人临街空地	建筑
私人地块		通道			私人领域	

公共场所与私人场所。来源: SmartCode

图2-10

样带
T3
T4
T5
T6

样带和建筑形式

表2-3

样带特征的局地调校

	T3	T4	T5	T6
基本住宅密度(每英亩住宅单元数量)	4个单元每英亩	6个单元每英亩	8个单元每英亩	12个单元每英亩
街区大小(最大街区周长)	最多3000英尺	最多2000英尺	最多2000英尺	最多2000英尺
需要、允许或不允许建造的通道	不允许建造商业街	不允许建造道路*；需要建造小巷	不允许建造道路*；需要建造小巷	不允许建造道路*；需要建造小巷
需要、允许或不允许建造的公共空间	不允许建造广场	允许建造全部类型	允许建造全部类型	不允许建造绿地
地块宽度	最少30英尺，最多100英尺	最少18英尺，最多100英尺	最少18英尺，最多100英尺	最少18英尺，最多100英尺
地块中建筑占比	最大60%	最大70%	最大80%	最大90%
建筑正面退界(最大值)	最少14英尺	最多18英尺	最多12英尺	最多12英尺
允许/不允许建造侧院建筑	允许	允许	不允许	不允许
允许 / 不允许建造侧院建筑物	不允许	允许	允许	不允许
建筑配置(楼层数的最大值或最小值)	最多2层	最多3层，最少2层	最多5层，最少2层	最多8层，最少2层

*"道路"(road)通道的一个专门类别，适应于密度较低、不那么城市化的环境中

日本，银座

图片来源：*Redd Angelo*

练习3
联系

目的: 找出可以改进的地方, 并提出改进的策略

背景

在城市设计中, 连通性是一个重要的主题。这一理念与简·雅各布斯提出的"多样性是良好城市社区的核心"的信条有相似之处。人们认为, 能在最大程度上融合, 增加人和事物之间的联系的城市和社区更有活力、也更加健康。增强连通性的策略基于这样一种观点, 即建筑环境对约束或促进被动接触有影响, 被动接触是邻里等级社会互动的一个重要方面 (Fischer, 1982; Gehl, 1987)。这种尺度的交往是一种依赖于街道网络及其所产生的社会联系的人行道现象 (Michaelson, 1977; Grannis, 2003)。

连接因尺度而异, 涉及不同类型的路线。例如, 城市设计师可能会从公路和其他主要交通路线的角度来谈论区域联系, 或者从街道和绿道的角度来谈论邻里之间的联系。在较小尺度上的连接, 如街区或地块, 将涉及讨论更小类型的路线和路径。连接所有类型的空间是重要的——公共和私人、住宅和非住宅、店面和人行道。

连接可以是直线路线或中心位置。它可以包括沿着一条路径或两点之间的移动, 也可以集中于作为连接空间的中心位置。就后者而言, 已经有人认为建立社区规模的中心场所具有连接价值。邻里中心通过提供一个具有公共身份认同的空间来促进连接, 这个公共区域能吸引居民在其中交往联系, 共享相同的时空。类似地, 像学校这样的设施可以位于集中的地方, 在那里它们可以最大限度地发挥共享空间的功能, 促进社会联系。为随意或自发的交往提供公共空间并不是为了建立深厚的社会联系, 而是促进"弱"的社会联系, 这种联系不仅是必要和重要的, 而且被认为对环境设计特别敏感 (Skjaeveland and Garling, 1997)。

路线、路径或其他廊道通常是连接的手段。促进互联互通的一项共同战略是确保街道有很好的连接度。街道对社区的隔离和瓦解有明显的影响。城市中经常出现的现象是过于繁忙的通道, 如有六车道道路在居住区域的中心嘈嘈作响。这些道路有外部连接的价值, 但成本很高: 步行环境质量受损并且导致小尺度的连接度缺乏。

对街道连接的关注使人们注意到街区的大小和形状, 这对相应的动线模式有重大影响。人们普遍认为, 大型街区、尽端路和树状街道系统不太可能提供良好的连接。图 3-1《新城市主义词汇》(Lexicon for the New Urbanism) 中的模式展示了不同街区布局和对应街道模式如何影响连接度的。

请注意在这些历史例子中, 网格街道模式被认为提供了最好的连接性, 因为它在点之间提供了多条路径。这不仅分散了交通, 而且允许行人在两点之间尽可能短的距离内行驶。

尽管研究不同的街道模式是有益的, 但它并没法提出在已经建成城市社区中改善连通性的替代的设计策略。本项练习并不涉及建议新的街道布局, 目的在于改善已经建成的、街道模式无法改变的社区的连接度。

本节练习的重点是通过各种类型的交通廊道——从主干道到步道——来连接, 而不是改善公共空间内的连接 (因为这方面在别处得到了处理)。本章的目标将是找到战略区域, 通过设计干预措施来改善可以最大限度改善连接度的区域。关键的第一步是找到缺乏连接度的地方, 然后决定需要重新设计的阻塞区域位置。不必在每一个位置都增加连接度。在某些情况下, 缺乏联系可能是有用的, 甚至是必需的。

图3-1

街区布局与街道格局: 广场; 条带形; 不规则(2); Radburn社区; 滨河区; 大草原; 华盛顿特区。

资料来源: 《新城市主义词汇》(The Lexicon of the New Urbanism)(Duany, Plater-Zyberk & Co., 1998)

图3-2

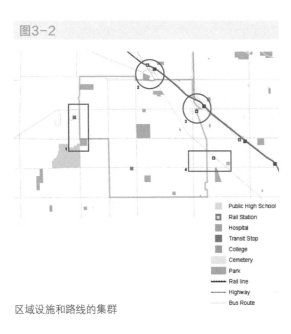

▨	Public High School
▣	Rail Station
▨	Hospital
▨	Transit Stop
▨	College
▨	Cemetery
▨	Park
━━	Rail line
───	Highway
····	Bus Route

区域设施和路线的集群

图3-3

有连接问题的"热点"

分析

分析涉及三个尺度的联系：

1. 区域层面的联系，因为社区受益于其所处的更大区域或地区的联系；

2. 因被隔离或被包围而出现连接问题的地方；

3. 紧邻社区中心区域的连接模式，因为这些区域将通过与中心的良好连接获得最大收益。

步骤1：找到与社区相交的区域系统——道路、绿道、交通线。

这些包括区域路线如公交和铁路线路、主要街道、火车站、医院、大学、高中、大型公园和墓地、农贸市场和主要就业场所。确定邻里与这些区域系统连接的点。

图3-2显示了5个区域设施和路线集群的位置。

步骤2：确定可能存在连接问题的区域。

仔细观察以下图层：道路、街区、地块和土地用途。识别可能存在连接问题的区域；

• 尽端路；

• 1960年后建造的住房区域；

• 大街区；

• 安排在"超级街区"中多户型住宅，其形成了与社区其他部分隔离的住宅飞地；

• 大地块。

图3-3显示了上述图层重叠的6个区域。从某种意义上说，这些都是有连接问题潜在"热点"。

图3-4

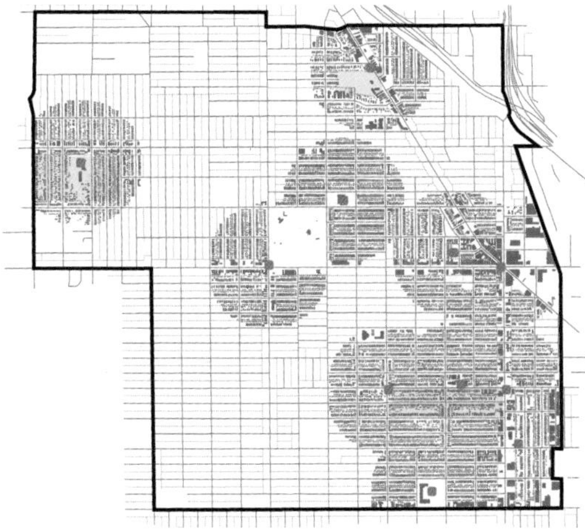

黄色区域与社区中心的联系似乎很差

图3-5

活动空间的集群:教堂、学校、商店和其他社区设施

步骤3:使用在社区练习(练习1)中确定的社区中心,描绘出每个中心周围五分钟的步行半径,并确定其包含的路线。

在练习1中,根据一些社会和其他标准,确定了可以作为社区中心的区域。在这些潜在中心周围的区域,连接度尤为重要。周边地区的居民如何到达中心?路线应该包括街道和小巷。

图3-4识别出社区中心,并高亮了(黄色部分)其周围五分钟步行范围内的连接性较差的区域。

步骤4:识别活动空间集群(本应该具有高度连接性的地方)。

找出最重要的邻里焦点,并高亮那些相互之间距离较近的焦点。例如教堂、学校、商店以及其他公共机构和社区设施都可以从彼此之间的良好联系中受益。这些构成了活动空间的集群,理想情况下应该连接起来形成一个相互加强的网络。可以通过查看邻域焦点集群中的连接路径来确定这一点。

邻里焦点之间的联系非常重要,因为它们的连通性可以形成社区协同——即整体胜于局部之和。从某种意义上说,个体场所通过与其他场所的联系来提升价值。

图3-5展示了五个不同类型活动空间集群的区域(蓝色为商业空间,黄色为公共空间和半公共空间)。

步骤5:详细考察邻里中心步行范围内(第三步)和邻里中心焦点群簇内(第四步)的路线。

沿步骤3及步骤4确定区域内的路线行走,找出两类阻塞区;

1. 直接堵塞,这是物理障碍,如尽端路;

2. 间接堵塞,如空地、闲置地块、停车场等,这些可能打断行人路线。

亦包括没有足够空间横过现有道路的地方,以及因太宽或太繁忙而阻断连接的道路,这些道路也因此对行人不友好。

图3-6

大学校园

A

B

公园

公墓

改善区域连接性的设计：区域1

图3-7

波蒂奇公园的入口

图3-8

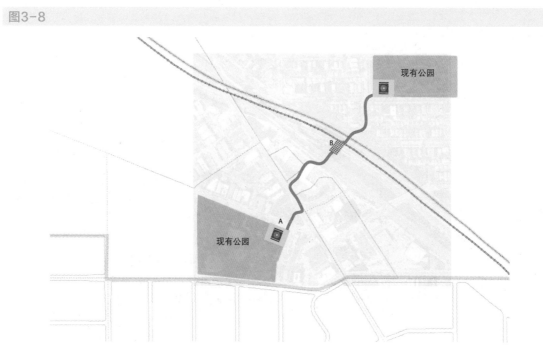

现有公园

B

A

现有公园

区域互联互通设计：区域2

设计

有许多方法可以改进上述高度优先地区内的连接。城市设计师可以建议相对较小的干预措施，以帮助改善连通性（例如，通过增加、扩展或改善人行道、中间街区的十字路口、人行横道、小巷和自行车道）。

除了寻找两点之间的最短路径，改善连通性还可能包括强调额外的、绕过最繁忙街道的替代路线，或者完成与汽车路线不同的（和独立的）绿道网络。这可能涉及确保小巷能通行，尤其是那些不能为行人提供一个好的路线的道路。

步骤 6：改善与区域系统的联系。
区域设施来自更广阔的区域。对于步骤 1 中确定的对区域连接重要的区域，提出基于这种区域吸引力的设计策略。

图 3-6 为区域 1（从**图 3-3**），区域 1 具有多种区域设施，包括大学校园、墓地、公园、连接 Portage Park 社区与相邻社区的主干道、公交和自行车路线。该图指明一条为了改善两端的区域锚点而有待升级的廊道（B 点）。在 A 点，可以设置某种形式的入口，以加强这个位置作为入口的作用（该社区的入口目前仅在三面配有停车场）。

这里表示的小入口（可能是一个拱门，类似于 Portage Park 园区入口的拱门，**图 3-7**）将超越一般的街角改进，彰显该位置作为区域入口和连接器的重要性。在走廊的另一端，也需要类似的街角处理，目前公园对面的街角是空的或者是用来停车的，导致这个十字路口区域的重要作用未能充分落实。

另一个区域连接点（**图 3-3** 第 3 区）如**图 3-8** 所示，由两个公园、一条主要高速公路、一条铁路线、自行车道、主要街道和一个火车站组成。场地中有几个绿色的开放空间，布局随意。如果通过设计将这些区域设施连接起来，它们就能更好地服务于社区。**图 3-8** 展示了由一条新的人行通道连接的火车站和两个公园。这条小路穿过停车场，连接到各个绿地。车站区域经过改进，包括连接通往公园的两条道路的一个更大的广场或公共空间（B 点）。连接两个现存公园的路径的两端都有重要的景观作为点睛（一组长椅、喷泉或艺术品）。

由区域元素驱动的最终设计干预如**图 3-9** 所示，如**图 3-3** 所示区域 3。再重申下，这是一侧有主要的交通走廊和公园的区域。这里的策略是提高行人穿越这些区域系统的能力，从而使走廊具有连接特征和功能。这就需要在 A 点进行升级，并在 C 点建成到公园的连接路线。

目前，连接高速路 / 铁路走廊两侧的主要街道实际上是一片荒地。可以改进 A 点的功能，使其更像一个入口——这里显示的是人行横道的改进和小规模的建筑填充，以使街角更加重要。在 B 点，有一个私人设施（网球俱乐部）可以在规划建议的连接中作为一个额外的停止点，或至少是沿着路线一个可识别的视觉趣味点。

步骤 7：改善问题领域的连接性。
对于步骤 2 中确定的具有潜在连接问题的区域，可以提出几种策略。需要注意的是，在检查不同地方之间的连接时，连接问题更为关键。换句话说，如果一个人试图将一个地方连接到另一个地方，"糟糕的连接"是最需要关注的；否则，连通性的概念就是一种抽象概念。

图3-9

现有公园

改善区域连通性的设计: 区域3

图3-10

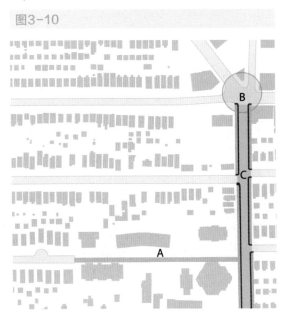

通过设计改进问题领域的连接性I:连接尽端路

图3-12

设计提高问题区域的连接性III：能活跃小型零售的广场

图3-11

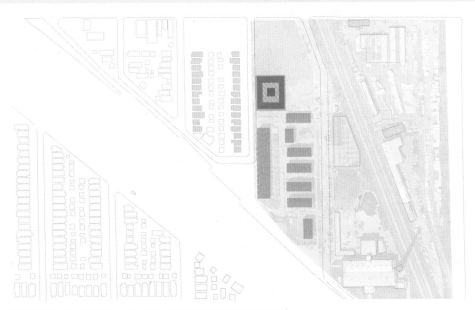

通过设计以改善问题区域的连通性II：一个全龄公园连接两个不同的住宅区域

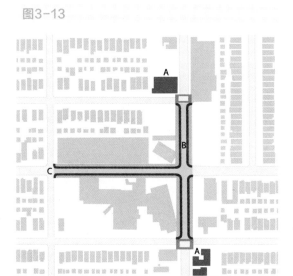

图3-13

通过设计以改善问题领域的连接性IV: 疏通"堵塞的动脉"

图 3-10 显示了被识别为具有多个连接问题重叠层的区域之一。它显示了一个尽端路和带有大建筑物的大街区。有望通过插入一条连接尽端路和道路的行人通道（a 点）来改善连接性。如果在点 B 有一个"引力"，这将是最有意义的，这是相邻社区想要连接的东西。同样重要的是要改善 C 点的廊道，只有周边的空地和临街的停车场并没有对 C 点形成明确的界定。改善廊道的措施有种植新树、扩建人行道、改善人行道以及其他各种行人设施和交通静稳措施。

图 3-11 显示了一个具有新住宅和街区规模较大的区域，能从图中看出潜在的连接问题。在这个场地中，新的城镇住宅和公寓楼与旧的独栋住宅各位于道路一侧，如果在不同的住宅类型之间有一个连接点或连接处，连接性将会得到改善。这里展示的是在住宅类型之间插入的全龄公园，它可以提供一个重要的连接空间。

图 3-12 显示了另一个在连接性方面可能存在问题的领域。这个三维图形说明了在这个连接不良的"海洋"中，即有大型街区的周边地区、大型建筑以及

新建成公寓楼（它们都毗邻高速公路/铁路和工业走廊）中有一个已存的小建筑为社区提供零售服务。这个小的商业空间起到了连接这个地区的重要角色。为了保持这个商业空间作为一个具有连接功能的可行的社区焦点，可以在这些建筑旁边增加了一个小广场。此外，还需要确保从周围所有地点通往这一建筑群和广场的路线的维护甚至改善（例如，保持人行道和景观的一致性），这一点在该地区出现新开发项目的时候尤其重要。

最后，图 3-13 显示了位于两个密集居民区之间的社区中心的一组具有消极作用的街区——一个医院综合体。这些街区的作用就像动脉的阻塞，两侧的连接由此隔断。在这种案例中，现有的目的地会吸引居民（例如，A 点的小型零售商店，居民可以连接到那里）。当然，为了改善连接，B 和 C 线沿线也应进行道路静稳和交叉口升级。

步骤 8：改善邻里中心步行距离内的连接

为了改善社区中心的连接性，在周围区域内增加步行街、一般道路和人行道。这些改进通过创建视觉和功能联系来加强联系。可以通过增加长椅、颜色和纹理特别的人行道以及沿途的街道树木来改善连通性。所有十字路口的人行横道也很重要。这个想法是把改善的重点放在连接邻里中心的道路上。

图 3-14 中的例子展示了小巷对于提高连接度的重要性。学校（也是一个社区中心）面向小巷的一端。通过在这一侧增加一个广场和改善小巷，与学校的连接度得到了改善。如果沿着小巷的通道是可行的，它减少了学校和周围住宅之间的物理距离（和感知距离）。连接小巷的人行横道也是必不可少的。图 3-15 显示了两个小区巷道改进的实例；小巷并非总得是垃圾桶和车库之所在。

连接社区中心的路线必须是经过深思熟虑且清晰无误的。寻找保持最短路径的方法，并确定是否有可能在某些地点让路径穿越地块而更为短捷。比起戛然而止或不知所终的道路和小径，能够穿越地块、增加空间的渗透性的精心考虑、直接的路径对于地区将更有价值。公园应该以小径收尾，而不是陡然结束。

图3-14

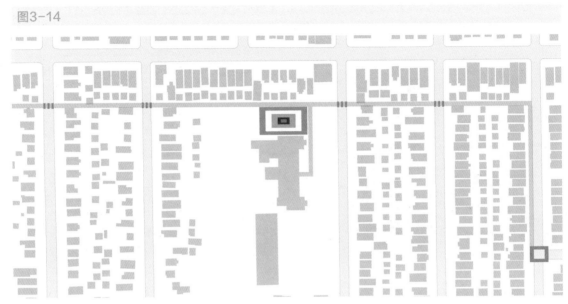

通过设计改进问题区域的连接性V: 改进与中心的连接性

图3-15

在住宅区, 小巷可以成为愉快的步行通道

图3-16

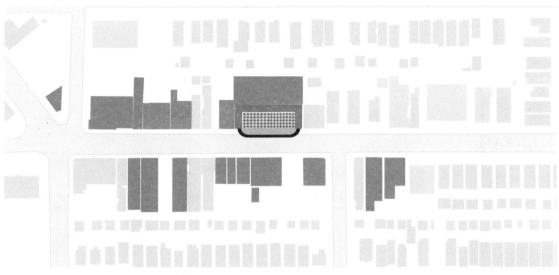

活动集群I：带形商贸区激活方案

图3-17

活动集群II：通过簇群的积极使用来改善廊道

图3-18

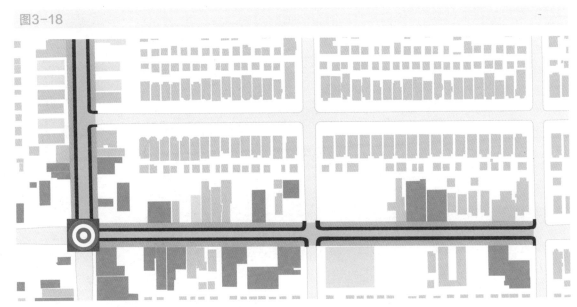

活动集群Ⅲ：两个公共领域之间的枢纽点

图3-19

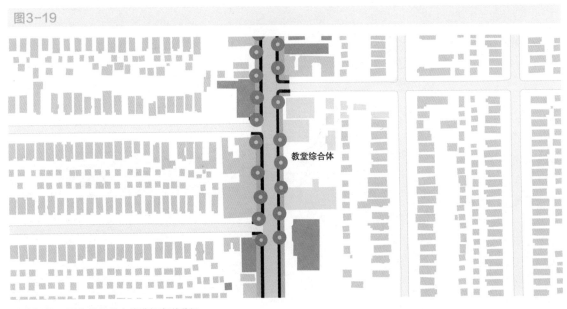

教堂综合体

活动集群Ⅳ：围绕教堂综合体进行街道升级

步骤9：改进活动集群中的连接

最后，城市设计师可以在包含活动使用集群的区域内提出干预措施——也就是步骤5中确定的阻塞。当空地破坏了街道作为连接点的功能时，应该强调填充这些集群周围的空地，并添加建筑物、广场、公园、操场、街道树木和其他类型的元素。

小的干预措施可以很大程度上在集群内增强邻里之间的连接度。另一种相关的方法是增加一条"贴线建设"的规定，以帮助创造更好的围合感，尤其是临近密集活动的街道上。这将有助于街道保持其作为连接公共领域的重要组成部分的功能。

图3-16、**图3-17**、**图3-18**和**图3-19**都显示了活跃的用途集群——蓝色表示商业用途，黄色表示公共用途和准公共用途——这些功能和建筑周边、建筑之间的连接性可以因此得到改善。

图3-16建议在现有的临街停车购物中心前激活人行道空间，可能会有小型户外零售空间，如杂志或产品摊位。该空间应该有针对性，因为它位于许多非住宅、社区基本功能的中间。

图3-17所示的区域，街道廊道贯穿了大量社区服务中心点。由于这些簇群的活跃用途，廊道应该以改善街道树木、升级的人行横道、长椅和其他设施为目标。

图3-18显示了两个公共地产之间的一个枢纽点——北边是一组公有建筑，东边是一所公立学校。两者之间有许多商业功能。应该强化这个道路交叉口，将其作为联系两翼的方法。可以通过在四周增加一个交通环岛和人行横道来实现，并尝试更好地利用街角（鼓励填入式开发）。

最后一个示例**图3-19**显示了一个街道综合体，周围是占据小型建筑的零售用途。通过廊道改善的街道个性将与教堂综合体（黄色建筑）和周围的非住宅用途相契合0。

曼哈顿，纽约

图片来源：Barron Roth

第二组
基本原理

通过好的设计来支持社区的基本特质。

设计最好的社区有一些共同的基本特征。

它们通常有中心和边缘，混合的人群和功能，以及方便易达的商品和服务(也就是邻近)。　这组练习详细探讨这些基本要素，强调了特定场地及其设计的重要性。相对于这些要素的位置，社区的社会地理变得尤为重要：

- 中心：哪些社区中心应该包括哪些方面，它们应该运作，周围应该是什么？

- 边缘：边缘具有多种功能，也可以有渗透性。

- 混合：通过设计可以支持社区中的人群和功能混合。

- 接近：设计可以改进人群、商品和服务之间的接近度。

香港夜市

图片来源: Samuel Chan

练习4
中心

目的：提出可行的设计改进用于加强社区中心

背景

从某种意义上说，邻里中心是一个为周围居民提供公共、集中目的地的"中心"。它们通常被认为是位于社区的地理中心，但这并非严格的要求。不过，若以地理中心即人口的中心布置社区中心也是一种有效的安排，因为这样就最大限度地增加了可能到访的人数。

在实用层面上，理想的情况是社区中心在人们步行距离范围内提供居民的日常所需服务。在社会和公共层面，中心提供了人与人之间以及与更大的公众之间的交流。它们是"社区"的物质形态表达——同一社区居民们共同纽带的有形和永久的象征。社区中心为自发的交往提供了场所，潜在地促进了一种社会联系。此外，随着时间的推移，中心可能会促进一种共同的责任感。

如果场地过于庞大，比如被数英亩开放空间环绕的棒球场或高中，那么它就很难发挥社区中心的功能。如果大面积用地构成了通常意义上的社区中心，那么周边所需的用地可能会降低中心的可达性。较低的步行可达性意味着需要增设停车场，这将进一步增加中心所需的用地面积。因此，尽量避免大型公共空地作为中心，因为它们缺乏良好的可达性，通常不在社区的中心位置且功能相对次要。

中心应是社区中受到珍视的空间。它们可以包含任何用地性质的组合，但常有一些公共空间成分。这个与中心配合的公共空间，明确为公共用途和公共所有。

形式上可以设计成绿地、购物中心、广场或其他正式的空间。Smartcode 一书中确定了五种不同类型的城市空间。在适宜的环境背景下，其中任何一种都可以作为一个合适的邻里中心，或中心的一部分（**图4-1**）。

公园、商业建筑群、活动中心以及社区中的公共目的地均可以作为社区中心。学校是一个尤其有趣的案例。在城市规划史中，利用学校作为邻里中心的尝试有着悠久的传统。在佩里 (Clarence Perry)1929 年提出的邻里单元理念中，学校是社区中心的一部分（**图4-1**）。美国教育部努力加强这一传统，并在 2000 年出版《社区中心的学校：公民规划设计指南》总结了这种做法的益处和布局上的政策要求。

分析

步骤 1：描述在社区练习（练习一）中已确定的不同类型的社区中心

如下为这些中心：

- 学校和操场；
- 图书馆；
- 社区活动中心或其他公共建筑；
- 公园；
- 主要道路的十字路口。

图4-2 显示了不同类型的邻里中心的位置。参观、绘制草图和拍摄潜在的社区中心对于本练习的学习尤其重要。请尝试了解不同地区是否起到社区中心的功能，或者是否只要给予适当的干预措施，就能成为社

图4-1

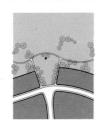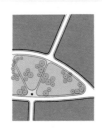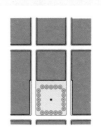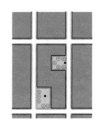

城市空间类型：公园、绿地、广场、广场、操场。来源：Smartcode版本9和手册 (Duany, Sorlien and Wright, 2008)

图4-2

波蒂奇公园区的不同类型的社区中心

图4-3

波蒂奇公园区的一个社区中心速写。Elif Tural绘

图4-4

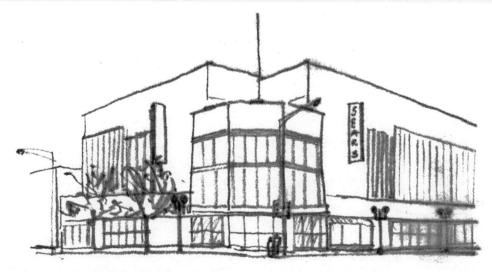

波蒂奇公园区一个社区中心的速写。Elif Tural绘

区中心。同时，请尝试为每个公共空间和商业空间确定当地的本土建筑。**图 4-3** 和**图 4-4** 是 Portage Park 区社区中心现状的两幅速写——一个开放公园和一个在中心十字路口的大型零售商店。

步骤 2：根据附加信息确定社区中心的类型

不同社区中心的特性、功能和设计要求会有着不同的维度变化。以下维度可以更具体地描述这些差异：

- 住在附近的群体是谁；
- 它们的主要用途；
- 它们的综合功能；
- 它们的物质环境条件；
- 它们对公众的可达性，它们是否包括公共土地；
- 它们目前作为中心充分发挥作用的能力。

通过创建信息层对这些中心进行评估，然后结合这些层面来指定不同的类型的中心。可以从这些图层开始：

- 学校；
- 学校操场；
- 公园；
- 主要街道；
- 繁忙的交叉路口；
- 人口密度；
- 多户住宅单元；
- 商业（零售）地区；
- 公共土地。

对这些图层以不同的方式组合，创建不同的"中心"概念的度量标准。通过这种方式，可以有效确定每个位置的中心类型。下面给出了四个例子。

以学校为中心

综合以下图层

- 学校；
- 学校操场；

- 多户住宅的集中情况。

根据这三个层面之间关系选择学校作为中心。结果如**图 4-5** 所示。

在选择过程中采用了以下标准：

- 学校应毗邻操场，因此，可以形成一个不需要通过学校建筑就能进入的公共空间；
- 学校应该位于多户住宅附近，以最大限度地增加步行人数，也是因为考虑到多户住宅享有的私人户外空间比独户住宅更少。

以公园作为中心

综合以下图层

- 公园；
- 主要街道；

基于以下标准，选择公园作社区中心：

- 公园有（或可以新增）一个明确的主入口作为中心的焦点；
- 最大限度地增加这个地方作为中心的功能和曝光率，主入口应该位于一个主要大道上。

以这两个条件筛选出的社区中心如**图 4-6** 所示。

以商业区为中心

综合以下图层：

- 商业用地；
- 主要道路；
- 人口密度高的地区。

根据以下三个标准，选择商业区域作为社区中心：

1. 该中心应以零售业为支柱；
2. 它应该沿着主要道路，从而能充分被公众接触到；
3. 它应该邻近人口密度高的地区，以使步行可达性最大。

这三个标准创建了社区中心的子集，如**图 4-7** 所示。

图4-5

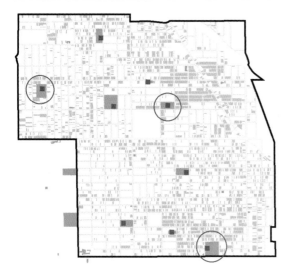

以学校作为中心

图4-6

以公园作为中心

图4-7

以商业区为中心。黄色区域人口密度最高

图4-8

可建设新中心的公共用地

新中心

综合以下图层：

- 公有或免税土地，不包括公园和学校
- 人口密度高的地区

根据以下三个标准选择潜在的新中心：

- 公有的土地，闲置土地或者空置建筑；
- 公共地块或建筑物的集群，有足够的空间将该地区变成一个社区中心；
- 高人口密度地区附近，以利用步行可达的优势。

用这些标准筛选的邻里中心如**图 4-8** 所示。

步骤 3：踏勘每种类型中心并记录观察到的情况

踏勘上面选择的每种类型的社区中心。拍摄照片并速写记录。踏勘期间，记录观察到的如下问题的情况。这些问题改编自公共空间项目组织（Project for Public Spaces，www.pps.org）制定的评估清单。

- 空间内：这是什么特点和氛围的空间？有可以舒服坐下的地方吗？这个空间像是一个社区中心吗，即是否人气很旺？能观察到什么活动？人群是由不同年龄组成，是成群结伴还是独自一人？
- 周边：周边街道对它的影响是积极的还是消极的？周边街道是汽车密集型还是汽车过于强势？有进入这些空间并和周围区域连接起来的人行通道吗？街道交叉口看起来对行人不利，还是行人很容易进入这些空间？
- 封闭程度：空间是封闭的，还是更开放的？作为一个中心，这个空间是否很好地"紧密结合"？开放空间与建筑的关系是什么？能从街对面看到场地吗？空间是否过于封闭？需要设法调整开放度和封闭程度吗？中心是被停车场还是空白墙壁所包围？

设计

通过以上分析，选择了四种不同类型的中心。踏勘每种类型的中心以更好地理解其中的居民活动模式、周边情况和封闭程度。

可以提出满足不同中心的不同需求的设计策略。一些需要考虑的关键问题（其结果因地而异）如下：

- 临街空地：是否有好的建筑临街空地，以给人一种封闭感，还是有不足之处需要改善吗？是否有一侧需要凸显，而另一方需要保持现状？临街空地是否应整齐排列，或者由更具渗透性、方便行人的临街建筑包围？
- 功能：这个中心有很好的混合功能吗（公共和商业）？是否需要增加功能如设施或商业空间，甚至停车场吗？现有功能如停车场，是否可以赋予双重用途？
- 入口：是否有设计良好的入口和通往中心的通道？
- 联系：人们如何从四面八方到达中心？周围的街道是否恰当地相交？
- 元素：可以添加哪些设计元素以改善其作为购物中心、广场、绿化或其他市民空间的功能？

步骤 4：提出各类型中心的设计策略。

以学校为中心

图 4-9 展示了将学校作为社区中心的设计干预。这所学校周围具备合适的要素：公有土地和高密度的住房。

可以改善该空间作为社区中心状态的策略有这几个方面。首先，在现有的停车场上新建一个广场（a 点）。这个广场作为有硬质铺装的公众空间，通常面向公共或商业建筑物。在 a 点创建一个广场可谓是地利人和，因为这个开放空间（现在是一个停车场）的一侧有所学校，在相邻的街角还有多户住宅。在现有停车场上新建一个广场无需大费周章。在一天中的特定时间里，这个场地仍然可以保持停车功能，当不需要停车时，场地又可以变成一个功能性的公共空间。其实，

図4-9

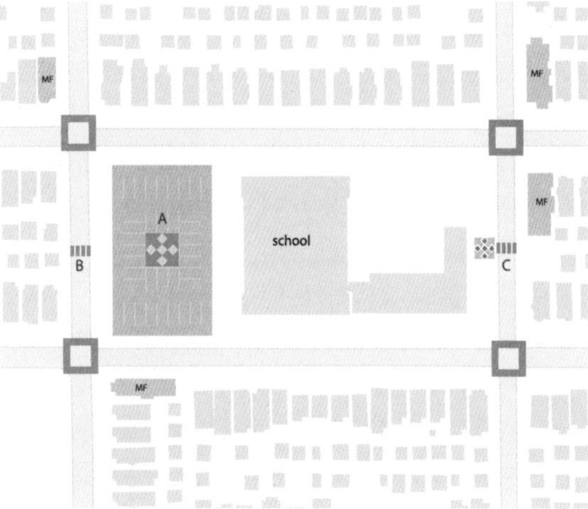

作为社区中心的学校场地。(MF 代表多户)

图4-10

欧洲的广场有双重用途:可以作为停车的区域,也可用于市民活动。
来源: New Civic Art

图4-11

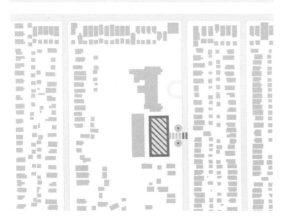
作为社区中心的学校场地

图4-12

以公园为中心I:聚焦入口

有着双重功能的广场在欧洲一直很普遍（图4-10）。

其次，应该增强周边连通性——在周围的四个路口，以及学校用地两侧小巷的终点（点B和C）。此外，该处亦有一个在C点突出环境的机会如增加一个喷泉，这样的话入口就会得以强化，成为连接附近社区的节点。

图4-11显示了另一个示例。这所学校的入口已经被精心地设计过。这个环境有一个景观优美的圆形车道，凸显了学校对市民的重要性。不过，学校下面的开放区域是后见之明。设计师可以将其升级为正式设计的绿地，以确立其作为社区市民中心的作用。通过在街区中段设置人行横道来连接前面的空间，可以给予更多的强调。

以公园作为中心

波蒂奇公园(Portage Park)也就是这个社区区域以之命名的地方，作为一个中心其存在感并不强。围绕公园入口的是停车场和汽车经销商——这意味着缺乏与周边地区的联系，公园作为社区社交和地理中心的认知度是很低的。图4-12显示了一个设计策略。鼓励在主干道入口（A点）对面的停车场进行填入式开发，以凸显公园的重要性。填入的建筑会为主入口形成一些围合空间，通过对入口形成框景以强化它。在紧靠公园入口（B点）的十字路口形成更好的交通（人行横道）以便于行人进入。在公园周围的中分带人行横道也将起到类似作用。

如图4-13所示的，如果能与周围区域有更精心考虑的连接，公园可以作为一个中心。设计更精良的人行横道和其他行人关键路口的升级将是一个重要的开始。交叉口A的连通性对于吸引北部社区的居民"置身于"该中心尤为重要。在B处，一个长街景需要以一个焦点收尾（例如图4-13示意的喷泉）。

以商业区为中心

图4-14显示了位于繁忙商业区中的可能的社区中心。目前，它是一个可以被改造成广场的大停车场。

图4-13

以公园为中心Ⅱ：连接和焦点

图4-14

以商业区域为中心：通过周边环绕的商业来提升停车场作用

图4-15

欧洲的广场有双重用途：停车和市民活动。资料来源：New Civic Art

图4-16

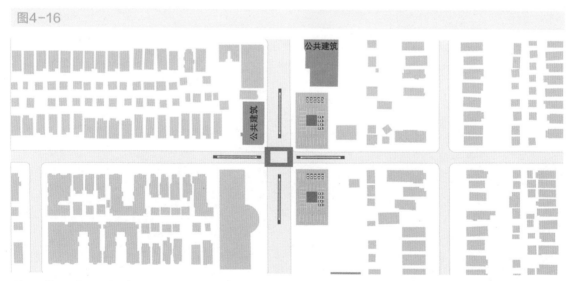

利用一群公共建筑形成新中心

通过提供连接人行横道或其他行人设施的升级，新的开发有望为其注入活力（生活／工作单元如图）。这个空间与主干道稍微有点距离，但仍然完全嵌入了一个目前缺乏中心焦点的混合功能区。

在广场的中心，可以设置一个小型中央集会场所，如**图4-15**所示。在周围交叉路口完善人行道设施可能有助于吸引周边街区的居民，增强他们与中心的联系。**图4-14**中，A点的街道收尾可以有更有趣的处理方法，以暗示广场在停车功能之外还有公共空间价值。

新中心

图4-16所示区域主要由公有土地组成，可以改造为社区中心。以公共建筑为支点，可将停车场发展成双用途广场。毗邻的十字路口可以通过喇叭形路口、中分带和其他交叉口改进方式来提升环境品质，以标示这个地方作为社区中心的重要性。

布宜诺斯艾利斯，阿根廷

来源: Sander Crombach

练习5
边缘

目标: 确认社区的边缘并提出设计干预措施减轻其带来的负面影响

背景

可以将城市社区中的"边缘"定义为大型的城市要素，它们可以是无法穿过的，以起到路障和隔离作用，也可以具有渗透性即作为接缝。典型的例子是高速公路和铁路这类交通廊道，或者是购物中心和停车场这样的大片土地，也包括大型工业区和空地。当边缘作为接缝时，它会对两侧的场地都产生吸引力。

在社区规划与设计中，边缘 (edges) 与边界 (boundaries) 这两个概念经常会被混淆，"边缘"对于形态完整的社区而言给出了界定，也因此是一个经常出现的标准，但边缘也有可能造成排他和隔离。边缘应该明确社区的范围并增加辨识度，最好能发挥通道的功能，即连接而不是分隔。但是，当边缘由交通廊道和工业区组成时，其自身就是"干扰"的一部分而不是作为过滤干扰的缓冲区。

由大型交通设施构成的边缘不一定会对社区不利，但这些城市基础设施的设计通常都没有考虑到社区。每项城市基础设施的建设最好都能像20世纪早期的市政工程那样秉承公益目的，例如图5-1加州洛杉矶高速公路总体规划中的四叶式立交，它完美展现出这类工程的潜在价值。

幸运的是，除了彻底重新设计基础设施之外，城市设计者还有很多方法能够处理好边缘这一问题。书中建议的设计方法都是温和且可行的干预手段，不需要大量的公共资金但却要有创造性思维，这也是本书的关注点所在。

由商业区这类功能空间构成的边缘能够更好地发挥通道的作用而不是造成阻碍，这种边界既可以作为穿越社区的街道也可以作为连接两侧居民的大道，其线性结构促进了沿着通道和穿越通道的运动。

生态学家谈论的边缘 (edge) 和边界 (boundary) 或许也与城市设计相关 (Dramstad et al., 1997)。他们尤其感兴趣的是边缘带结构 (宽度和构成成分)、边界的形状 (例如是否是直线) 以及这些特征对维持边缘带与内部物种的意义。他们思考边缘带的功能——是否能够像过滤器一样减弱周围的影响，是否有足够的宽度来保护内部生活环境不受风和太阳的干扰。

图5-1

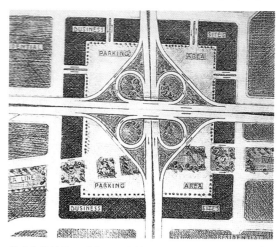

艺术化设计的四叶草形立交桥，20世纪初期。来源：加利福尼亚州洛杉矶的高速平面图 (洛杉矶局地区规划, 1941)

选择穿过还是沿着边缘运动，会受到边缘急缓程度的影响。相似地，平直的边界更能促进沿着边界的运动，然而"曲折的"边界可能会鼓励穿越。也可以用"硬质"和"软质"来评价边界。所有这些谈论边缘的生态学术语都可以用于城市中的边界分析。

分析

分析边缘首先要确定社区边缘的位置，然后根据三种类型中的一种进行分类。这对于准确定位设计干预十分有必要。

第一步：找出社区的主要边缘。

图5-2 呈现了用于确定城市边缘的最常用的土地利用类型：高速公路与交通廊道、工业区与棕地。图5-3 中增加了一个图层：大型地块 (空地、成群的闲置土地或大型公园)。图5-4 是图层的组合：分布在波蒂奇公园区的所有边缘区域。

图5-2

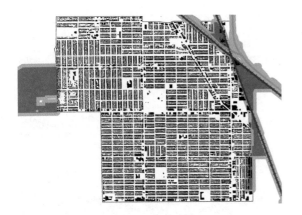

边缘I：交通廊道和工业用地

图5-3

边缘II：大块空地和大型公园

图5-4

波蒂奇公园社区的主要边缘区

图5-5

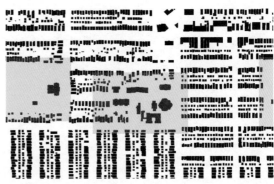

可能影响连接度的内部边缘

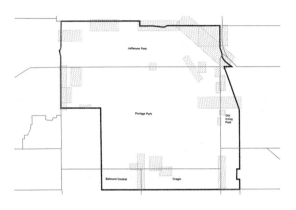

图5-6

边缘和社区边界

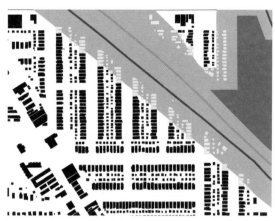

图5-7

与周边土地(居住)不兼容的强边缘(高速路/铁路)

第二步：缩小边缘的选择范围。

由于一个社区可以有很多潜在的边缘，因此需要想办法缩小选择范围并专注于最需要处理的边界。

如图5-5所示，社区内很多大面积地块形成的边缘能发挥内部边缘的效果。这个议题在连接度练习（练习3）中作为干预的重点探讨过了。

相反，本练习关注社区边界线周围的边缘带。图5-6展现了穿过波蒂奇公园社区分界线以及附近的边缘地区。这些地区可以被理解为在社会学意义中的社区之分界线附近并有着物理边界的地区。事实上，被正式确认的社区分界线赋予了其附近边缘的社会意义。练习1中划定的社区分界线也可以用来做分析。

第三步：将边缘分为两类。

对于已经确认的边缘区，有必要分析它们是作为连接两个社区的通道还是用于过滤或阻隔外界干扰。

一种分析方法是确定与每一边缘紧邻的地区被哪些人或哪些物体所使用或占据。然后思考是否这些地区的土地利用对边缘是合适的。例如，住房是否紧邻造成障碍状况的边缘？边界附近的土地利用是否有韧性或更敏感？如图5-7所示，波蒂奇公园东北角由一条高速公路划定了边界，黄色的住宅紧邻强边缘即高速公路和铁路。这个例子代表边缘与其周边的土地不兼容。

基于以上分析，将边缘区根据接缝(seam)和过滤器(filter)这两种类型进行分类。功能上更类似接缝而非过滤器的边缘能够将两侧缝合在一起。这种不太软的、不那么生硬的边缘会鼓励穿越性的移动。有过滤功能的边缘区，或应当作为过滤器的边缘区，都位于靠近干扰的地方。这样的地区作为一个有效的屏障或过滤器，需要减少周边住宅和工作地点受到的不利影响。这种情况下边缘即保护带，尤其是当边缘附近的土地利用缺乏韧性时，例如当住房靠近有害或会造成其他干扰的土地。这时边缘会起到硬质边界以禁止穿越的功能。不过即使作为一种保护措施，边缘也仍然可以具有渗透性。

图5-8中的阴影区域表示这两种类型（过滤器和接缝）的边缘区划分。

图5-8

两种类型的边界：过滤器和接缝

图5-9

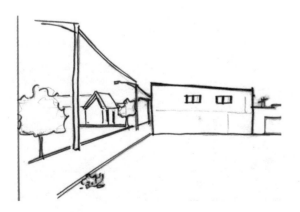

波蒂奇公园社区的一个边缘区，Elif Tural 绘

图5-10

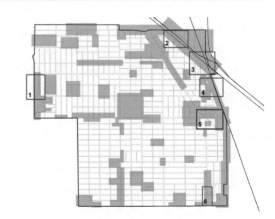

需要进行设计干预的区域：三处"过滤器"和三处"接缝"

图5-11

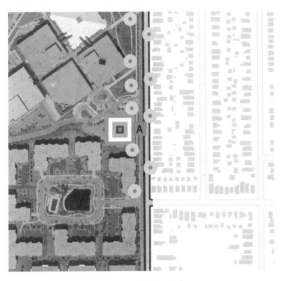

边缘作为接缝I：缝合一个强边缘的两侧

第四步：踏勘每种类型的边界。

请充分观察边缘直到你可以向一个从未去过那的人精确描述它。用速写或拍照的形式记录观察内容，例如**图5-9**中对边界区的速写。

通过回答以下问题来记录你的观察：

- 基于二维平面分析判断的边缘是正确的吗？该地区的功能是"过滤器"还是"接缝"，或者两者兼有？这方面最关键的问题在于这个边缘是否可以穿越，或是否正是一个硬质分界线和屏障？作为"过滤器"的边缘能起到隔离有害物质的作用并提供保护吗？或者如果将其归为"接缝"，是否有证据支持其确实促使两侧向其聚集呢？
- 这些边缘区能够引起哪种类型的情绪和感知？人们会感到威胁、不安抑或平静？是想要绕过、快速还是慢速穿过它？
- 这里的空间是否能营造氛围？是否有静坐或休息的地方？如果有，是否有人愿意在这里休息，或者这些便利设施本质上只是装饰？
- 在这个区域是否有人在开展活动？这些活动看上去是普通还是异常？

图5-12

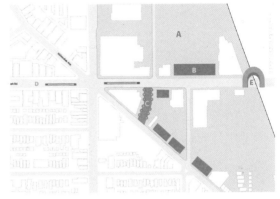

边缘作为接缝II：整合工业廊道

- 是否有人行道通到这里并将其与周边地区连接起来？这个边缘是否应该有更好的连接度和渗透性？

现在可以用步骤1～4来确定三类过滤型边缘和三类接缝型边缘，即**图5-10**中被框选的6个区域，它们代表了不同类型的边界地区，现在可以对其提出有针对性的设计干预策略。

设计

第五步：为边缘区提出可供参考的干预
接缝

为第一组边缘提供的干预方法可以是促进其作为接缝的功能，增加周边居民聚集的机会，利用场地会清晰地呈现开敞之处，并将其设计为专门与边缘相连的功能性通道。

图5-11是由宽阔的主干道构成的边缘，它没有任何"过滤器"的作用但需要有"接缝"的功能以整合两侧区域。这里的边缘位于两个社区的交界处，因此需要扮演一个特殊的角色，既要划分不同社区又要对这两个社区有吸引作用。

为了完成以上目标，可以将这里重新定义为两侧

图5-13

边界作为接缝 III：整合"被困"的居住区

图5-14

边界作为过滤器 I：插入绿道联系两个小型公园

图5-15

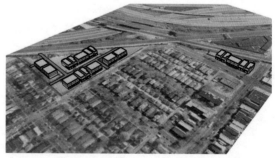

边缘作为过滤器II：增加韧性功能

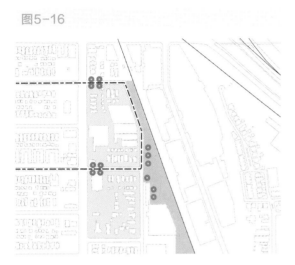

图5-16

边缘作为过滤器III：结合边缘的自行车路

社区居民都会使用的边缘。可以增加一排行道树与东侧整齐的独栋住宅相呼应。在 A 点，有一个单独为车辆设计的入口，这是大型校园建筑与相邻社区之间的重要分隔。这个入口可以被重新设计，增加一个宽阔的人行横道以促进人们穿行；也可以在这里嵌入一个小型的广场，将当前作为缓冲进入车辆的多余空间转变为服务于两侧社区、可利用的市民空间。

图5-12 中的边缘区由工业走廊（黄色区域）、大片空地和停车场混合而成，它们都邻近住宅建筑，也是两个社区之间的分界线。不幸的是，这个边缘导致了两侧的分隔而不是聚集。它围绕着社区中最繁忙的零售点之一（被称为"六角"），是正在进行的复兴工作的主要对象。因此，这个位置不宜有强的边界。反之，这里的边界应该更多强调"接缝"的功能以吸引周围地区的居民。

A 点的工业走廊可以转变为有利条件。比之将其作为在快速行驶时被忽视的废弃空间而言，对街区做特定处理（例如增加人行道铺装、艺术小品或景观）可以增加这片区域作为轻工业廊道的辨识度，可能很适合家庭企业。在 B 点，可以用带形建筑来作为街道两边的轻工业工厂，既是对街道的空间限定也可以整合边界。在 C 点，建筑前绿地已被行人多次踩踏成路，还不如在这里专门修建人行道来连接两条主要街道。

欧文（Irving）公园路目前是一条不利于行人穿越的宽阔的主干道，将其中央转弯车道替换为分隔带，可以柔化交叉口。最后，为了更好地整合整个区域（包括六角小卖部、工业廊道和邻近的居住区），应当营造出一个门户形象的构筑物作为前景（例如在街道的两侧放置柱子或其他标志），让过路的行人知道白波蒂奇公园的这片场地无论是作为边缘还是整体都是社区的一部分。

图 5-13 由围绕着住宅区的一组边缘区构成。住宅楼被各个方向的边缘"困住"，应该把握机会引入空间以联系和将边缘转化为"接缝"而非屏障。

图中的设计建议在 C 点修建一个新广场，沿着铁路建立"接缝"连接新广场与 A 点的社区进而将这些边缘联系在一起。广场面向铁路，在设计时可以利用这一点，将此处从一个没有前途的工业废弃空地转变为独特的市民空间。这里非常适合布置公共艺术。建议在 B 点建造带形建筑以便于沿着道路连接空间，并且在靠近新广场的另一端种植道树和绿化带。

过滤器

这组边缘的改造方法是增强其过滤功能，保护周边地区不受其有害影响。

图 5-14 展示了一条强的线性边缘即铁路和高速公路。它们都位于一个住宅区的右边。通过线性廊道改善设计，可以将这一区域作为休闲娱乐区以发挥用途，这样就肯定其作为边缘的功能同时也将其变为社区的财富。

在边缘处安排一个绿道是一种直截了当的策略。绿道指用于休闲娱乐（散步、骑车、慢跑和溜冰）并种有植物的廊道。它不仅能连接人与场地，也可以作为一个具有保护功能的过滤器。绿道可以顺着铁路延伸，沿途中布置长椅和小花园。理想情况下，绿道应与更大的区域绿道和公园连接。如若不能，它至少应连接 A 点与 B 点新建的小公园，这两个地方目前被当作工厂仓库。

图 5-15 中的边缘由大型空间组成，它们位于一个住宅密集的社区右边，对于这些无人使用的场地应

该让其发挥过滤功能而不是任其荒废。一个策略是在合适的地方增加办公、艺术空间或轻工业以及小型企业等这样的弹性土地用途用作缓冲。这就不需要为大量车流和停车提供空间，并能在住宅区和高速公路、铁路之间建立缓冲区。

在强的工业边缘附近的阴影区是一些互不联系的城市肌理，它们混杂在一起，对当地居民来说是无用之地。如图 5-16 中的黄色区域，即邻近住宅楼的工业廊道就是其中之一。

需要将这些区域联系起来，表明强边缘之所在，并且在设计过程中为住宅区建立一个更有效的缓冲区。为了达到这样的目的，可以在一端（沿着铁路）增加一个小型的线性公园，然后插入一条贯穿社区连接公园的自行车道，这有助于增加边缘的活力和使用价值；也可以通过规整化种植（即能够串联空间并划分自行车道的行道树）加强空间的连接性。

墨田，日本

图片来源: Dawid Sobolewski

练习6
混合

目的: 评价社区中的土地利用多样性，提出能够支持和促进更为健康的混合用途的设计干预。

背景

规划师经常倡导社区应该是社会和经济的多样性——收入混合、使用混合、场所混合，从而积极支持不同人种、种族、性别、年龄、职业和家庭的人聚集在一起。新城市主义者、精明增长倡导者、创意阶层拥护者和可持续发展理论家都支持这样一个基本目标，即人群与功能的多样性应该是空间上混合的。在城市设计领域，其基本思想是"城市成功的关键在于行为活动的组合，而不是分离的用途"(Montgomery, 1998, p.98)。建筑环境中的质量通常是基于多样性、选择和兴趣来衡量的。最大限度地扩大经济和社会"交换可能性"被视为城市生活质量的关键因素 (Greenberg, 1995)。简而言之，住宅、学校和购物的混合已经被用作一个良好的步行社区的基本定义 (Hayden, 2003)。

功能多样性被认为是良好的城市生活的关键，因为它使人们无需远行就能解决日常生活需要，从而增加了城市场所的可达性。简·雅各布斯提出，土地利用多样性是良好城市环境的一个重要组成部分。对雅各布斯来说，重要的是"不同人群日常的、普通行为"，形成复杂的"功能库"，以达到整体大于局部相加的效果 (1961，p.164-165)。

刘易斯·芒福德 (Lewis Mumford) 经常写到社会和经济混合的重要性，他引用"多面城市环境"作为"人类成就的更高形式"的可能性之一 (1938, p.486)。规划者们在城市物质环境设计计划中应该尽可能地促进这一点，以实现成熟的城市："倘若规划不促进人、阶层、活动、工作的日常混合，那就违背了成熟的最佳利益"(Mumford, 1968, p.39)。

不幸的是，大多数观察家都认为，在美国，一个世纪以来，包括住房类型在内的混合用途在一个世纪以来始终在减少，这在很大程度上是由 20 世纪 20 年代开始的土地使用区划法规的快速、广泛实施所导致的。城市生活因此被分离成各个部分，抽象性的指标包括土地使用类别、公路里程、办公面积、人均公园面积——导致了芒福德所说的"反城市"(1968 年，第 128 页)。雅各布斯 (1961) 同样谴责规划师将城市视为一系列计算和可测量的抽象指标，这些抽象概念渲染出了"无序复杂性"的问题，并使规划师错误地认为他们可以有效地操控城市的各个部分。

城市设计师的解决方案是培养"细粒度"的使用多样性，从而提供"持续的相互支持"。因此正如雅各布所言，城市设计应聚焦于"催化和滋养这些紧密工作关系的科学和艺术"。多样性必须是实质性的而不是表面的。看起来既花哨又混乱的商业街很可能是同质化的而不是多样化的。文丘里 (Robert Venturi) 等人发现，建筑试图在潜在的同质性中表现出多样性。颜色、形式和纹理上的多样变化是为了在千篇一律的模式中被识别出来。

分析

对混合的测度是通过确定一个明确范围内不同类型土地利用的空间聚集情况来完成的。设计师可以研究一个地区的使用类型数量 (例如，在步行半径为 5 ～ 10 分钟的步行范围内即 1/4 到半英里)。如果某一地区的土地用途相同，则混合比例较低，说明该地区同质性较强，缺乏多样性。也有可能在一个有限的区域内有多种土地用途组成，即高度的多样性。

当然，土地利用模式只是分析的一部分。需要研究的一个关键问题是城市形态是否适合多种用途，尤其是不同的住宅类型。

第一步: 寻找混合种类和程度不同的区域。

定义混合有许多不同的方法。一种策略是使用不同的混合定义和规模，并将之叠加来调查某些区域是否在不同的定义下仍属于混合状态。地块与人口普查数据都可以用来确定混合度。

结合按地块的土地使用和按街区分组的住宅类型的两个图层，可以对一个社区内的混合空间分布做出不同的解读。**图 6-1** 是按地块划分的土地用途组合。图中显示了用于制作地图的土地利用类别。用浅蓝色标出的四个区域可能需要设计干预，应在调查中予以关注。这些区域未必经常是在主要商业走廊周围的、

图6-1

图6-2

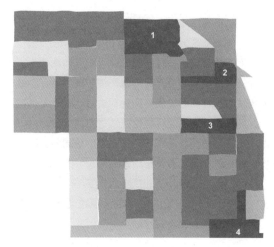

较大的多户家庭住区
商业用地
公共建筑
空置用地

根据地块的土地用途混合情况

根据人口统计划分的住宅类型组合情况

图6-3

图6-4

根据地块大小的住宅类型混合情况

根据地块和人口普查划分的住宅类型组合情况(图6-2和图6-3的混合)

混合程度最高的区域。相反，值得关注的是远离主要商业走廊的区域。不过，在一个相对较小的区域内，反而可能有各种有趣的活动。

对整个社区，这些区域可能是重要的城市多样性"种子"，值得通过设计干预来保存和强化。关注这些混合使用区域的另一个原因是，由于它们接近强劲的零售活动，可能对于混合度的损失的适应性更好。希望保持均质的居民对这些位置的土地使用混合不太可能反对。

图 6-2 中，按人口普查区分组（1 ~ 4 区）确定了住宅类型混合度最高的地区。这是基于住宅单元类型和人口普查数据。这个分析中采用了多样性指数确定混合度，结合两种不同的指标形成测度住宅单元类型多样性的综合指标。

第二步：确定低混合度的区域。

图 6-4 由两个地图叠加而成。第一个**图 6-3** 是按地块划分的住宅单元类型图。强调住宅类型在最小空间尺度上的变化。变化包括一个建筑的层数和单元数。此图与户型普查单元变化叠加，如**图 6-2** 所示，生成**图 6-4**。因此，**图 6-4** 是以按地块和按人口普查两种不同的方式显示的低住房混合度。在住房类型方面，有三个区域被认为是非常均质的。

设计

如何利用城市设计在上述领域促进更大的混合——或加强现有的混合？

第三步：利用设计元素加强现有的混合区域。

远离主要商业走廊的混合区域可作为多样性的重要种子（见上文第 1 步），可在其中插入设计元素，以提供一个更具支持性和强化的环境。主要的设计理念是为了连接和填充过渡空间。此外，小巷和空地的"剩余空间"可以通过插入小型非住宅建筑来激活，如小型零售、居住 / 工作单元和其他类型的灵活的模块化单元。

政策方面

在本书中建议的设计干预中，有许多策略和功能布局问题是密切相关的。这在住房类型混合的情况下尤其如此。

关于混合的干预措施的指导原则是，增加的单元和功能增加而不是减少社会多样性。最重要的是，干预措施应该促进社区稳定，而非导致社区居民的搬迁。这些目标很可能需要政策干预。

认真监测社区变化非常关键。设计干预对特定人群的影响是什么？某些群体的需要，青年、老年人、有工作的父母、穷人、族裔群体、不同类型的家庭是否受到拟议的干预的影响？是否有重叠的选区同时可以满足这些需要，抑或只能以牺牲一组的利益来照顾另一组？

建筑形式混合程度高但社会混合程度低的地区可能需要政策干预。这种干预可能包括保证住房供给性，或为新的发展提供价格合理的单元。如果这些区域已经按照形态混合进行了设计（例如提供一系列的单元大小和类型），那么问题就不在于设计而是政策了。所需要的政策可能是减税、住房援助的公共补贴和非营利部门的参与（土地信托、自助项目、小额贷款和社区发展公司的活动）。

图 6-5a、**图 6-5b**、**图 6-5c** 对应**图 6-1** 区域 1、2、3。在每一项研究中，都提出了适度的干预措施，以帮助维持和结合插图中所示的混合模式。**图 6-5a** 包括在带形购物中心停车场（A 点）种植树木、在空地（B 点）加建小型口袋公园、改善行人过街天桥，以及在目前没有树木的地方增加行道树。

图 6-5b 显示了嵌入在住宅片区的商业区域。这个场地有些明显的弱点。在这个关键区域里，主要交叉口的界定较弱，基本由四个街角的空地构成。通过布置种植带（点 B）、人行横道（点 C）以及鼓励填入式开发（点 A），将对这个地区进行很好的升级。

图 6-5c 显示了住宅区域两侧的混合用途街区，但周边的商业肌理存在"漏洞"。设计干预的重点是更有效、更有目的地将居住区与商业用途连接起来。在

图6-5a

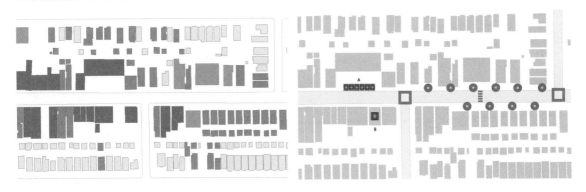

图6-5b

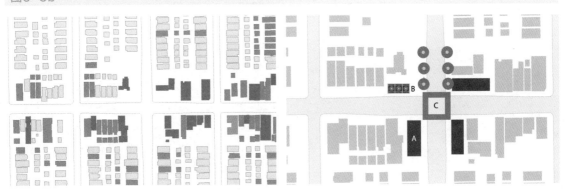

图6-5c

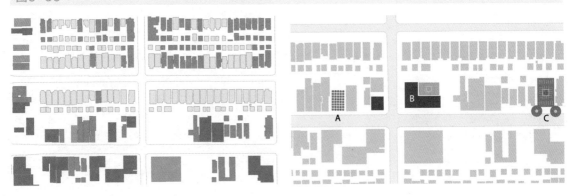

保持和维系混合度的温和干预：三个案例

图6-6

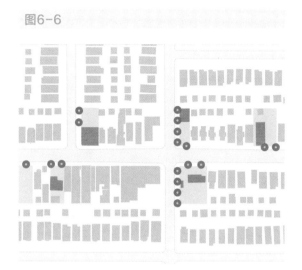

对小区内非住宅建筑附属停车场进行升级

图6-7

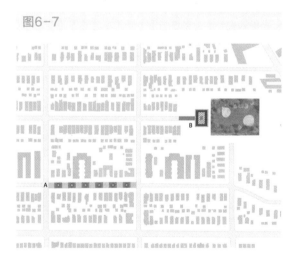

提高户型混合程度的策略

图6-8

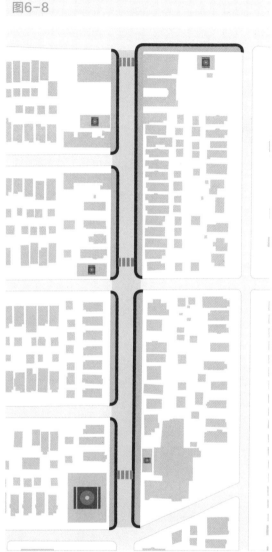

社区的口袋公园系统有助于将这个高度混合的区域联系在一起

图6-9

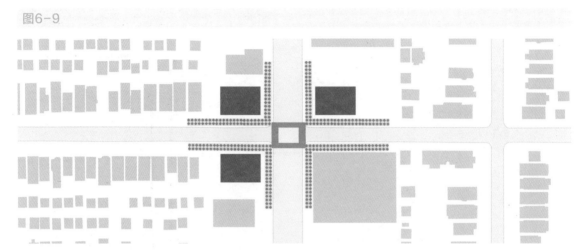

对位于高混合度区域的十字路口进行强化，这个路口当前的车位过多

图6-10

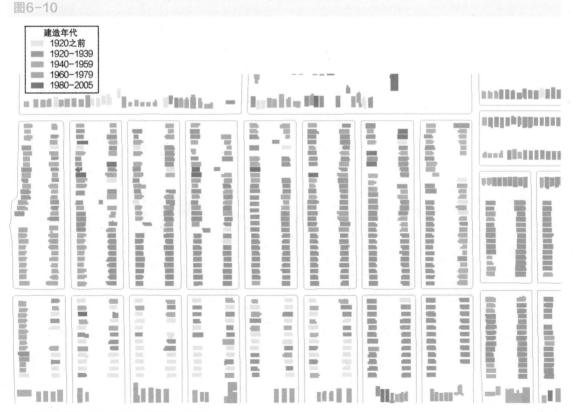

一个看似同质的社区有着潜在多样性I：建造年代

居民区和商业区之间有一些临时性的入口，人们需要穿过停车场并在建筑中穿行，人行步道应该作为一个补救方法。

在 A 点的干预可以利用空地建造一个小广场。该地块已用于进入商业用地。设计干预要使这种联系更为正当并加强这种联系。建议在 B 点填入式地增加建筑，以加强后面有停车场的街角的商业区功能。最后，点 C 通过强化入口与街道树木的形式感，以凸显住宅区域和街道之间的临时步道。

图 6-6 中蓝色所示的建筑为非住宅建筑，每个建筑都有未界定的空地（停车场）。该地区应是居住与非居住功能充分交织的地方，其宝贵价值应该得到重视。为了强化该位置的功能，可以增加一些居民希望有的元素，比如列植树，来改善与每个非居住建筑相连的开放空间。

第四步：强化住宅户型混合度高的区域。

对于住宅类型混合程度较高的高度建成区，可以提出两种干预措施：开发过渡性空间，确保任何公共空间都是多用途的并与周围区域有良好的连接。

首先，在上面第 1 步中确定的具有高水平住房组合的区域中寻找过渡空间。在一些地区，共享街道（"生活性街道"，既可以容纳人，也可以容纳汽车）可以在住宅类型中开发。**图 6-7** 是一个例子。注意这个区域用黄色高亮显示的新公寓。这些新公寓被其他类型的住宅包围，形成了一个很好的位置：可以通过提供一个整合的公共空间（共享街道在 a 点）来容纳多种类型的活动，从而支持这种混合形式。

这里还有一个公园，公园里有两个棒球场。考虑到住宅类型的高度混合，住宅应该与该公园有非常清晰和直接的联系，包括一个明确界定的入口（B 点）。此外，考虑公园应具有多种用途和适应不同年龄段人群使用，除了运动场之外还应增加坐憩区和有设施的健身场。

图 6-8 显示了一个住宅混合比例很高的区域，现有的公共空间非常少。有一些小的空间可以连接，可能通过一些共同的特征或社区标识系统——连接这些小空间的元素，可以让人感觉在这个多样化的社区中贯穿着公共领地。图上展示的是一系列的小型口袋公园，这些公园可以通过一个共同的设计主题串接起来。

图 4-14 所示的是一个混合比例很高的区域，见中心练习（练习 4）。这个区域几乎没有公共空间。可以将停车场改造成一个多功能空间，用作市场、农贸市场或其他城市功能。这不仅有利于创建一个中心，也有利于支持其周围的混合环境。

图 6-9 是一个停车场区域，周围是高混合度的住宅区。因为不一定可以同时对所有这些停车场进行再开发以恢复商业走廊的活力，可以通过对人行道处理并将四个街角与建筑物密切结合，从而至少在这个主要的十字路口形成一个焦点。这个十字路口可以作为交通静稳措施的一个重要地点，以提供更好的步行环境并使这种功能混合稳定下来。

第五步：提出住宅低混合度地区的设计策略。

在上面第 2 步确定的住宅低混合度地区，有两项战略是重要的。首先，寻找定义和定位混合的替代方法，然后在此基础上进行营建。一个策略是确保现有设计规范不会破坏这些替代类型的混合形式。例如，**图 6-10** 和 **6-11** 显示了 **图 6-4** 中确定的区域 1 的基础组合。从图上可以看出，区域 1 尽管被认为是同质的，但如果以一种特定的方式来定义多样性时，其实际上具有潜在的多样性。根据建成年代（**图 6-10**）或单元类型之外的层数（**图 6-11**）来界定多样性揭示出一定程度的复杂性可以通过遵循设计规范的多样性来强化。

其次，展示同时兼容单户和多户住宅的填入式住宅开发的可能性。**图 6-12** 显示，即使是在同质的、已建成的社区中，总有一些地块是空的，如**图 6-12**所示。这些地块应该作为开发与多种住宅类型兼容的新住宅方案的目标地点。图上显示了四种可能性。这些例子能很好地适应独户家庭住宅的环境，可以用来减轻人们对不兼容的住房类型和密度的担忧。在以独户住宅为主的居住区中，平房庭院也是一种可能的填入方式，如**图 6-13**所示。

图6-11

公园
一层住宅
二层住宅
小的多户住宅
大的多户住宅
商业用地
公共建筑
空置地块

一个看似同质街区的潜在多样性II：楼层数

图6-13

小巷

街道

街道

与单户住宅相适应的平房庭院，灵感来自于新城市建设者(Chico, CA)的约翰·安德森(John Anderson)设计的一个经济适用房项目

图6-12

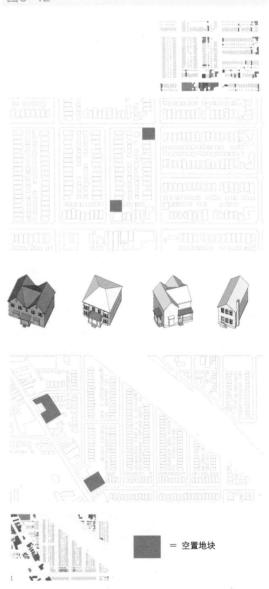

= 空置地块

在单户住宅社区中开放地块：填入式策略。SketchUp模型由Opticos Design, Inc.提供

马六甲，马来西亚

图片来源：*Peter Nguyen*

练习7
临近

目的: 评估人们居住的地方和他们的需求之间的距离，并提出设计干预措施，以帮助增加理想的临近度。

背景

城市地区布局应使人们居住工作的区域与满足其高品质生活的商服区域更接近，这一点可谓是对城市环境的共识，至少对精明增长倡导者、可持续发展支持者和新城市主义者而言是这样。

邻近性与可达性有根本性的关联。可达性可以正式定义与某一特定商品、服务或设施相联系的数量。很长时间以来，可达性就是关于良好城市形态理论的组成部分 (Lynch, 1981, Jacobs & Appleyard, 1987)。值得注意的是，林奇将可达性作为理想城市形态理论的一个关键内容。总体而言，林奇认为，通过考虑可达性和受益者特征，可以衡量"聚落绩效"(即衡量什么是"好"的城市)。

用设施、商品和服务的邻近性(或者可达性)可以区分扩张型城市与紧凑型城市形态：低密度和分散的开发模式必然会减少可达性，因为服务设施往往相距较远，土地使用也被隔离 (Ewing, 1997)。此外，这还涉及一个公平的问题：某一特定商品或服务对哪些人是可达的，以及这些不同程度的可达性是否存在某种模式。

在城市规划设计中，邻近性是评价到达城市场所的能力的指标，同时也用以评价可到达场所的数量和质量。第一部分可以是对给定区域例如一个人口普查区内设施数量的简单计数，也可以是起点与一个或多个目的地之间的距离(成本)。除了了解不同的人群能够可达的商品或者服务，城市设计师还需要考虑人口的社会经济特征。一个需要着重考虑的因素是，城市服务的可达性对基于本地的人口可能更为重要(如依靠汽车以外的交通方式的老年人群和贫困人群) (Wekerle, 1985)。

由于资源较少的居民最有可能从更接近日常生活的需要中获益，因此，为弱势人群提供更好可达性的设计，应成为城市设计师关注的关键问题。特别是低收入居民对公共交通的依赖程度更高，私家车出行更少，因此要有更好的可达性。对于这些地区的居民来说，较低的可达性是尤其不利的。

分析

邻近性可以通过测量一组地点到另一组地点的距离来评估。对于城市设计而言，最好的方法是选择一组重要的城市设施或场所，然后评估整个社区到这些设施或场所的距离。此外，为了解决公平问题，应该明确哪些设施对哪些人应该是可达的。

第一步：找到通向最理想的设施和场所，可达性相对低和高的区域。

确定人们最希望邻近的设施，然后找到通向这些地方的相对低和相对高可达性的区域。其中一些已经在社区和中心的练习中确认了(练习1和练习4)。最明显的选择是公立学校、图书馆和公园。

在每个地方的周围绘制一个缓冲区(可以徒手绘制或者使用 GIS 缓冲工具)。长度为四分之一英里，即通常情况下人们步行五分钟的距离。图7-1 显示了在波蒂奇公园(公立学校、公园和图书馆)中选定的位置，以及每个位置周围以四分之一英里为半径的区域。黄色的缓冲区内具有良好的可达性，白色区域则不然。

图7-1

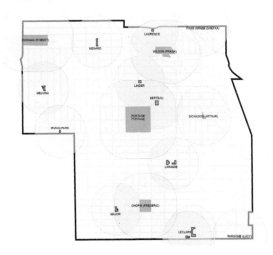

到公园、学校和图书馆有较好可达性的区域

图7-2

| 社会多样性 | 18%以下 | 65%以上 | 密度 | 收入中位数 |

波蒂奇公园社区中社会人口变量的空间模式。较暗地区除收入外，其他变量变化更大。较暗地区的收入中位数较低

图7-3

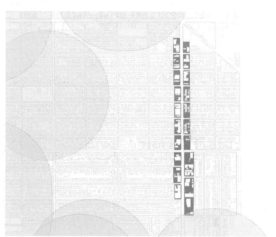

到公园、学校和图书馆有较好可达性的区域

图7-4

红色区域是指商业区内对公共服务要求高、可达性低的空地

注意

在这些基本分类中，林奇还描述了很多其他的复杂情况（例如信息流，因时间和季节的变化的可达性，可达性并非总是最重要的变量，有时可能需要关闭通道，对可达性的感知，到达目的地以及相应的移动过程所带来的收益）

第二步：确定高优先级的区域

"高优先级区域"是指因邻近上述人们热望的设施和场所的区域。将如下图层叠加以确定目标位置：

- 人口密度高的地区；
- 社会多样性高的地区；
- 低收入地区；
- 儿童较多的地区；
- 老年人较多的地区。

这些区域到绝大部分理想的设施 / 场所应该拥有最好的临近性。为了找到满足上述一个或多个条件的区域，可以使用人口普查数据。**图 7-2** 以灰度图形式显示了按人口普查区块划分的每个变量的分布情况。对于每个变量或者地图，深色阴影区域具有较高的优先级——较高的人口密度、较高的社会多样性、较低的收入、较高的儿童数量和较高的老年人数量。关键是找到有最多变量、需求度最高的区域。

有许多不同的方法来解释这些地图。每个普查区域都可以用一个分数来表示（例如，1 ~ 5，取决于灰色阴影的深度），然后可以将每个变量的分数叠加，得到每个分组的复合评分。稍微复杂一些的方法是给每一层一个加权评分（例如认为一个社区低收入因素比人口密度因素更重要）。

在这里使用的另一个方法是，找到这些街区中至少两个变量为最高优先级的街区。**图 7-3** 中红色的部分都是至少两个变量为最高优先级（阴影最深）的区域。在地图上将这些信息与可达性图层结合起来，显示那些同时具有高需求而可达性较低的区域（红色区域没有被黄色阴影覆盖）。它们就是城市设计师关注的应该提高可达性的区域。

第三步：确定应该添加的设施、服务的位置。

在那些人们热望的设施和场所可达性不好的区域内，寻找可能成为公共设施或投资的潜在地点。

图 7-4 显示了一条经过波蒂奇公园区的商业带中服务不足的区域（**图 7-3**）。该商业地带内的空地就可以作为对公共利益影响最大的区域。

设计

第四步：提出填充策略

寻找重要的开发位置从而进行填入式开发是一种增加临近性的设计干预。填入的功能可以包括任意数量之前没有的社区服务功能。

图 7-5 和**图 7-6** 显示了两种填入式策略。第一张图确定了所有可以开发为商业空间的区域。这里最重要的策略是为那些地区的零售服务提供刺激。第二张图则显示了嵌入公共空间的建议——兼有停车场功能（如有必要）的广场、小型公园、公共广场和种植带。这些只是在这种高需求、低可达性和拥有高空置土地的区域非常有价值的几种可能用途。任何服务社区的零售和公共空间组合都可以成为这样一个非居住式廊道的目标。

图7-5

在高需求和低可达性的地区建立商业中心

图7-6

将公共设施策略性地设置在高需求和可达性低的地区

库里提巴, 巴西

来源: Rodrigo Kugnharski

第三组
常见议题

常见设计议题以及应对方法

城市设计中的一些议题是反复出现的。密度、停车和交通这三个最常见的议题往往被作为待解决的问题而不是可资利用以及强化的价值。然而,通过运用好的设计原则,这些问题是可以转化为价值。

- 密度:如果设计正确的话,密度可以作为社区可资利用的价值。

- 停车:停驻车辆对社区而言可能是不利的,但是设计能缓解其消极效应。

- 交通:在城市社区中,交通量大的区域应该有稳静措施,因为行人的需要才是首要的。

雷东多，加利福尼亚

来源: *Paul*

练习8
密度

***目的：** 展示如何以有益、无害的方式增加社区的密度。*

背景

    密度在美国已经成为一个热门话题。越来越多的人意识到实现拥有独栋住宅的美国梦从长远来看是不可持续的。可以预见的是，低密度的居住模式将不得不改变，我们需要学习如何更紧凑地生活和减少对汽车的依赖。这就意味着我们要找到让人欣然接受增加密度的方法。朱莉·坎波利 (Julie Campoli) 和亚历克斯·麦克莱恩 (Alex MacLean) 在《密度可视化》(Visualizing Density，2007) 中提议我们可以通过理解密度的负面效应来学习如何热爱密度——拥挤和单调是因为糟糕的设计，而不是密度本身。

    对于现有社区填入式开发，存在的顾虑是高密度开发会对独栋住宅和地产价值有不利影响。这就是为何设计如此重要——好的设计在将增建物嵌入、提高密度时会考虑到更大的环境背景。这种设计有着更远大的目标：确保每个建筑和开发项目都是美好愿景的一部分 (Brain，2005，p.32)。

    对居民来说，增加密度的设计关键是将涉及的利弊以直观的方式呈现出来。应该帮他们认识到提高密度并非总是坏事，实际上倒是可能有助于创造更好的公共空间，维持他们认为重要的公共服务设施，形成适合步行的环境，还可能让住宅的价格更合理。

    当一个地方的密度被认为太高，问题可能出在拥挤而非密度本身。雅各布斯提出了拥挤和集中的区别，认为不得不容纳太多人的空间是不健康的。另一方面，集中是良好都市生活的必要条件。雅各布斯提倡每英亩约 100 个住宅单元的密度。以美国人的标准来看，这是非常高的密度，不过究竟是拥挤还是集中要取决于诸多的环境背景。

    土地利用混合练习（练习6）已经展示了在独栋住宅区的混合住房类型的策略，从中可以看到兼顾独栋和多户住宅之填入式开发的可能性。这个练习中，有四种可能的单元很适合用于独栋住宅区，但也有增加现有社区密度的其他方式。

    除了增建尊重现有社区环境的公寓楼和高层建筑，街角复式公寓、小巷中的无电梯公寓、车库上方的加建住房、底层店铺上层住房等都是可能的方式。首先要做的是为在某些地方增加密度提供充分的依据。

    通常，密度的增加就是整合增建的小型单元如加建住房或"奶奶公寓"。小型单元整合尤其重要，因为它为中低收入家庭提供住房选择，并为现有房主提供了额外的租金收入。加建住房可以在独栋住宅的开敞空间中建造。在商业地产之上增加住房则是另一个重要的策略。它不仅可能因为更小而更实惠，而且还能为附近的中小企业主提供更多客户的附加值。

    增加密度也可以创造性地结合多户住宅、庭院和多户宅院（由住宅建筑围合的短的、有环型路的院

图8-1

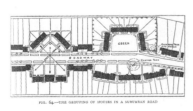

H. Inigo Triggs, 1909. *Town Planning: Past, Present and Possible,* p. 195.

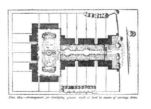

Raymond Unwin, 1909. *Town Planning in Practice,* p. 353.

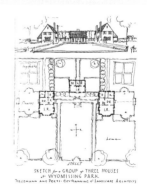

Werner Hegemann & Elbert Peets, 1922. *The American Vitruvius: An Architects' Handbook of Civic Art,* p. 213.

20世纪早期的填入式开发策略

图8-2

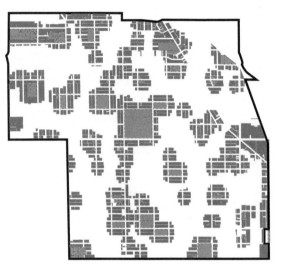

靠近公共空间的地块

图8-3

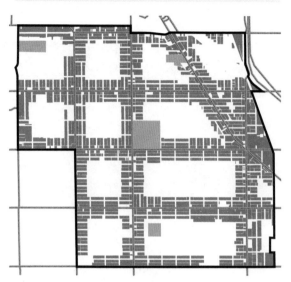

邻近公交(巴士和轻轨)及商业用途的地块

图8-4

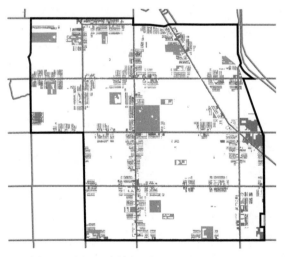

可用空间:公共空间、公交站点和商业用途附近的空地

图8-5

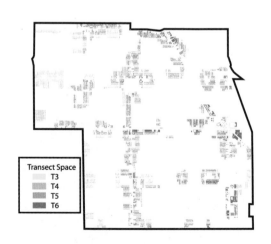

Transect Space
T3
T4
T5
T6

按样带区域划分的可用空间

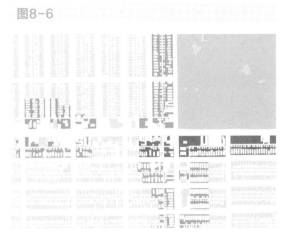

图8-6

芝加哥波蒂奇公园(Portage Park)周围：按样带区域划分的可用空间

子）。20 世纪早期的田园城市设计者像雷蒙德·恩唯(Raymond Unwin) 非常擅长在独栋住宅之间增加附属排屋。图 8-1 为城市规划教材中的三个范例。

分析

让我们先做两个基本假设：密度应因地而异、提高密度应因地制宜。有些地方可以通过在建筑后面增加一个完整的公寓楼。不是每个街区都能得体地容纳高密度的建筑，不同的环境背景适合不同类型的单元。

在哪里增加密度最合适？有三种地点尤为适合。公共机构、商业区域和公共交通周围的密度应该更高。选择前两者，是因为其所在的位置提供了高密度生活所需的公共设施和服务。联排住宅需要在一个城镇里，住户才能很方便地使用各种设施。从某种意义上说，更高密度的生活及随之相伴的较少私有空间，应该被"回报"于更近便的公共空间和设施。当然，这种回报必须是值得的。社区层面的服务、商店和设施以及有用的公共机构等应该便于到达。

鼓励在公共交通附近提高密度的理念基于如下因素。首先，停车问题。居民反对提高密度可能是因为担心该地区车辆增加（实际或感知的）。将提供更多单元住宅与公交服务良好的地区联系起来能减轻这种负面影响，也能减少购车的负担。应鼓励新单元住宅设在公交站附近，甚至是限制停车而非需要停车的地方。其次，公交线路附近密度的提高有助于促进大众出行，更多的搭乘从而可能提高交通效率。

在划定了靠近公共机构、商业区域和公共交通的区域之后，第二步是决定如何根据地方环境背景来提高密度。为了明确这一点，需要参考练习 2 中绘制的样带区域。

步骤 1：寻找靠近公共机构、商业区域和公共交通的区域

识别提供公共服务（如学校和公园）、靠近商业零售公共空间附近的和公共交通的场所。图 8-2 显示了城市空间附近的地块。图 8-3 显示靠近公交（巴士）线路及商业零售用地附近的地块。两张图采用较短的距离（500 英尺或者 2～3 分钟的步行距离）进行选择。图 8-4 结合这两个图层，来确定满足全部条件的地块——邻近公共服务、商业和交通。图中将每个地块上的建筑筛除掉了，由此从图上可以看出哪些地方有空地，即有望容纳更高密度开发的土地。不过，请注意密度的增加显然不只是能在开放土地进行（也可能在现有建筑上加建）。

步骤 2：确定每个地方的样带区域。

为了确定适合于指定位置的密度，将步骤 1 中的可供空间与样带练习（练习 2）中确定的每个样带区域叠加。图 8-5 显示了每个样带区域的可用空间，图 8-6 给出了 Portage Park（社区中心的大型公园）周边的详细情况。详细区分的话，有四个不同的强度级别（样带区域），每个级别对应不同类型的填入式开发。

步骤 3：确定在每个位置上所适合的单元类型。

每个样带区支持着一种不同的密度。要了解这种差别，请参考 SmartCode 中对应每个区域的住宅类型，并据此来提出适合于特定街区的填充式再开发策

略。例如，**图 8-7** 显示了四种类型单元和它们可能适合的样带区域。

设计

在设计阶段，提出了合理布置或加建的每种建筑类型的具体位置。目标是用步骤 3 中确定的位置和相应的建筑类型来阐明诸多条件下的密度。

图 8-8 显示了不同的填充方案。从图上可以看出，在目标区域内中如何根据不同的密度让不同类型的单元适应不同的样带区。

图8-7

加建单元	生活/工作单元	住宅院落	混合功能建筑
T3, T4, T5	T3, T4, T5, T6	T3, T4	T5, T6

填入式住宅开发策略及适应的样带区域

Sketchup模型由Opticos Design公司提供

图8-8

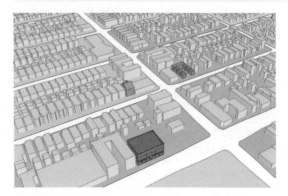 

根据断面强度水平增加密度

亚特兰大，新泽西州

图片来源: Tim Trad

练习9
停车

目的： 提出可以将停车的消极效应最小化的设计策略。

背景

1944 年，乔斯 (Jose Luis Sert) 在他的规划宣言《我们的城市能生存下去吗？》中哀叹："停车位的缺乏"意味着"城市驾车者再也不能开车去他想去的地方"。至少在城市设计师和规划师中，这种观点已经改变。大多数人都认为，充足的停车空间对城市社区具有强烈的破坏性，会降低环境质量和步行可达性。如今，规划师的目标是把停车安排在建筑物的后面、下面或上面、街上和停车建筑中，而不是停车场。处理汽车停驻问题的重要性使得一些城市学家宣称"城市化 (urbanism) 始于停车场的位置"(www.citycomforts.com)。

许多人研究并撰写了关于停车之破坏性的文章。唐纳德·舒普 (Donald Shoup)《免费停车的昂贵代价》(The High Cost of Free Parking)(2005) 一书中指出，免费停车已经导致了一系列问题，能耗消耗、环境恶化、经济恶化和金融紧张等等。因为更多的停车位也意味着人们更依赖于开车，反过来又导致更多的车位需求，如此形成了一种恶性循环。简·雅各布斯认为，这也是多样性的一个功能；"缺乏集中的广泛多样性导致人们只能依赖汽车来满足几乎所有的需求。道路和停车场把所有东西都分散得更远，导致了更多的机动交通"（第 230 页）。

20 世纪初的规划者几乎在汽车刚开始成为一个问题时就提出了对汽车停驻的好想法。通常，汽车停驻的解决方案是在规划的"汽车郊区"的背景下进行的。一个广为人知的例子是由 John Nolen 规划、Mary Emery 在 1918 年开发的马里蒙特 (Mariemont，俄亥俄州辛辛那提郊外）。这是最早有意识地考虑汽车的郊区开发项目之一，在不影响该地区的整体环境质量的情况下提供停车场和车库。

另一个案例是将停车场纳入公寓和办公楼的方式，这种方式往往不会降低街道的质量（图 9-1）。像这样考虑汽车停驻模式的开发，可以减少停车造成的消极影响。

前街的停车场会降低安全性。当人们沿着停车场前面的人行道行走时，他们会感到安全的担忧——这是简·雅各布斯在文章中多次提到的问题。这将会损

图9-1

创造性的汽车停驻方式 来源：Daniel Zack

害商业廊道的经济健康，要保持商业走廊的活力，就需要居民和游客有安全感。为了加强商业廊道的安全，街道应该满足积极的用途，而不应成为像停车场那样的"死空间"。

一般而言，缓解停车区域的负面影响的措施可分为四类：

1. 取消停车场，将其开发为其他用途，当然也因此放弃了停车空间（有可能用其他地方的停车位来弥补，如街道上的停车位）；

2. 使停车场更适合生活，甚至在保留停车功能的同时将其作为公共开放空间；

3. 用景观或建筑物作为停车区域的缓冲；

4. 将它们发展成以零售或办公为临街空间的混合用途停车建筑。

例子如下：

第一个选择是简单地移除前面街道上的停车场。停车场可能会被完全消除，或者可以改为在路边停车或在其他地方停车。 当然，这需要改变区划法中的最

图9-2

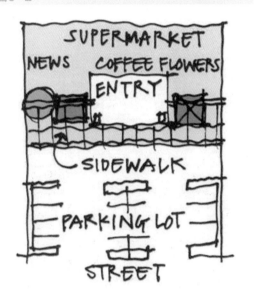

通过积极的使用让停车场更为人性化。来源：Sucher (2003)

图9-3

以植被作为缓冲的停车场

图9-4

资本密集型的解决方案：下面零售，上面停车。
来源：Louis Meuler

图9-5

在社区中心500英尺范围内，很多土地用作汽车停驻(图上红色区域)

低停车要求，俄勒冈州波特兰市等地已经做到了这一点。在那里，规则限定了最大而不是最小的停车位。此外，停车需求可以根据具体地点而定。《郊区国家》(Suburban Nation)(Duany，Plater-Zyberk，Speck，2000) 的作者主张区分 "A" 和 "B" 街道，其中第一类街道是主要街道，限制沿街停车，而第二条街道对沿街停车限制较少。

其次，有一种观点认为，规划师可以改造停车场并使之成为人的场所。David Sucher (2003) 在《城市舒适：如何建设一个城市村庄》(City Comforts：How to Build an Urban Village) 一书中提到一个前面有停车场的超市（图 9-2）。这个停车场被改造成了一个公共空间——先是销售绿植，然后是咖啡，然后又增加了桌椅。

这一类别中的另一个例子是一个兼有停车场功能的广场。如图 4-10 所示，这些有着双重用途的空间遍布欧洲，不同时期的广场被改造成停车场，空间品质却几乎没有下降。通常情况下，这样的空间被赋予了一个位置，在这个位置上，建筑物四面临着空间，创造了一个室外空间。通过添加更好的铺装材料以及标识性要素如喷泉等，可以将停车场改造成公共空间，同时还能提供停车位。如果这个停车场与其他公共空间相连，并重新设计使空间连为一体，那么它甚至可以作为一个社区中心。

第三种解决停车场问题的方法，是用行人友好的设计来起到缓冲作用。这与从简单的景观美化到更实质的改变都有所不同。其主要想法是通过把停车场放在建筑物后面或侧面来隐藏停车场。图 9-3 显示了一个简单的解决方案，即用种植带围合停车场。这是最简单的一个解决方案，但是比完全没有缓冲要好。

最后，停车场可以被视为可开发的地产，可以被更灵活的用途所取代，如零售甚至办公空间，并与车库合并。这种解决方案更为彻底，将是资本密集型的。然而，这种方案也是非常吸引人的，因为它保留了现有的停车场并增加了一个更积极的、以步行为导向的用途。图 9-4 展示了零售商与停车建筑的结合。这个案例中，上面安排停车以减少对公共领域的影响，并且能增加停车容量。

虽然许多规划师和居民很重视停车的高昂代价，

但在美国很少有人倡导 "无车" 城市，而欧洲却有一些成功的尝试。弄清土地使用和交通之间存在的相互关系是非常有必要的，因为这最终会影响到停车需求。城市里总得有汽车，但设计的问题始终是：怎样才能用一种对公共领域破坏最小的方式来停放汽车？所幸许多有趣的想法出现。本练习中将应用一些策略。大多数策略将停车视为一种既定现象，而不是一种可以消除的现象。

分析

第一步：找到位于关键位置的停车场。

第一步是找到停车场的位置，它们对周边区域可能造成最大的破坏。一种策略是从中心练习（练习 4）中确定的社区中心开始。作为社区中最具战略意义的地方，在这些区域中有哪些地方有多余的空间可以留给汽车？练习 4 确定了一个重要且人口多样化的交叉路径的空间。主要街道的关键十字路口，停车场的负面影响可能最大。

图 9-5 显示了波蒂奇公园社区北部一些社区中心（包括小巷，但不包括街道和路边停车场）可以停放汽车的地方。图上高亮的是交叉路口 500 英尺范围内的停车区域。即使在这个狭小的空间范围内，红色空间的数量也是显著的——而且是有害的。在大多数情况下，这种空间覆盖了中心周围超过一半的土地。

第二步：在上述四种停车方案中为每个区域选择一种。

在这些中心周围的地区，确定和划分上述四种停车场方案可能最适用的位置。区分四种可能性：排除、转化、缓冲或发展。图 9-6 显示了所使用的图层和选择的四个位置。标准和示例如下。

选项 1：拆除现有的停车场。用建筑物或公共空间取代原有的停车场，并将现有的停车场移到别处。路边停车位可能是最好的替换方案。

如果一个现存停车场没有得到充分利用，而且在那个位置似乎没有很大的停车位需求，那么拆除可能是最好的（该停车场可能是缺省配置的，而不是根据

图9-6

解决停车场问题的四种方案。图上还显示了高人口密度街区和现有非公共空间

图9-7

在公共空间附近对车位有很高需求的地方，停车建筑可能是大家认可的方案

实际需求设置的）。这可以通过计算一天中不同时段在停车场中经常使用的车位数来判断。

图 9-6 中的区域 1 是一个很好的例子。这个十字路口的一角是波蒂奇公园，公园对面是汽车经销店，另一个街角的停车场没有被充分利用。考虑到这个停车场靠近重要的公共空间，且该停车场的使用率不高，可以考虑将其作为拆除的备选。

方案 2：将停车场改造成一个小型零售或公共空间，同时保留停车功能。这可能包括在停车场合并小的、非正式的零售空间（图9-2），以及在停车高峰时期将其转换为一个可兼有停车功能的广场（图4-10）。

对涉及转换为小规模零售的策略，这个选项可能最适合于小型空间，例如在建筑物之间。这些空间规模和交通量都没有大到说明新建建筑是合理的，如混合用途的零售建筑附加了车库（方案4）。尽管如此，临街的停车场还是有消极作用的，因为人们必须穿过它或经过它才能去购物。

既然在该地区需要公共空间，将停车场向广场的转换可能是最有效的。理想情况下，其位置还应靠近高密度住宅区，以便尽可能多的居民能够受惠于公共空间。因此，需要结合另外两个图层来分析停车场改建为广场的可能性：

1. 现有的公共开放空间（即寻找公共开放空间不足的地方）；
2. 人口密度（寻找高密度地区）。

转换为广场的方案也可以在一个虽然有停车场但是停车空间进深不足以容纳新建筑的带形购物中心旁。理想的话，重做场地的铺装，这样可以形成一个多功能停车场与公共空间。

图 9-6 中的区域 2 是一个很好的例子，这种停车场需要保持其停车功能，但与此同时，可以通过协同的努力，使空间人性化。如图中所示，这是一个相对高密度（深灰色块）的区域，但是附近几乎没有公共空间（绿色区域）。停车是必需的，但是考虑到周边密度和公共空间的缺乏，有理由应考虑停车场改建方案。

方案 3：缓冲停车场。在某些情况下，设计目标可能是完全隐藏停车场，而在其他情况下，一个更现实的目标可能只是减少其负面的视觉影响。如何改建取决于零售机构是否需要停车场。如果停车场仅仅是员工使用，可以将其完全屏蔽，也就没有必要标识其位置。缓冲方案通常包括简单的景观美化如种植带或列植树。在停车场的入口附近，缓冲区也可以包括延伸出去的区域，这样入口就会变窄，人行横道也会得到改善。

缓冲方案可以应用在无法新建停车建筑的地方，或者对资本投资强烈抵制的地方。在开发程度较低或人口密度较低的地区，密集式投资方案的可行性较低。在这些地方，我们只能寄希望于增加景观缓冲区来减轻停车场对视觉的负面影响。

图 9–6 中的区域 3 是适合这类方案很好的候选区域。浅灰色的街区居住密度较低，因此建造停车场、新建筑甚至是重做铺装都没有太大的必要（如方案 2 所示）。简单地增加一种植带或其他景观缓冲带可能更适合这个场地。

方案 4：建设停车场。这个选项是为高频使用的地段预留的。在 T5 或 T6 样带区中的最密集区域着手，找出适合建设停车场的地方。此外，新的车库 / 零售开发适合那些得依赖停车来维持周边功能的地区。这些地区既有可能与公共、零售功能有关。例如，开发可能适用于那些位于利用率高的公共空间但附近却缺少足够的零售机会的区域之前的地方，或者能够吸收更多零售功能的地区。公园和学校两种高利用率的公共空间，这些地方可能需要附近有零售服务（以及相应的停车位）。无论是在公共空间附近还是在现有零售店附近，该策略都是基于零售未能充分利的现状步行交通，同时也提供所需要的停车位。

虽然取代停车场的新建筑一般都预留给缺乏足够停车位的地方，但有一个重要的警告：几乎每个城市中的每个人有更多的车位诉求——这是规划者最常见遇到的要求！因此，有必要进行选择和区别对待——只有交通最繁忙的地方才有能力产生足够的使用率来证明停车场建筑的合理性。

图 9–6 中的区域 4 显示了符合这些标准的停车场的位置。这是一个停车场利用率很高的高密度地区（零售和居住）。它靠近 T5 和 T6 样带区，如**图** 9–7 中

图9-8

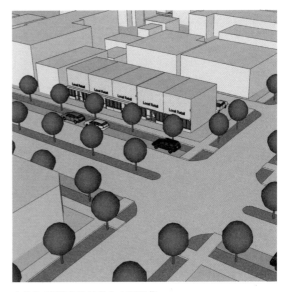

方案2：将停车场转化为小型零售

的所示细节，在街区尽头的公共空间——棒球场，也说明确实需要一个停车场。

设计

第三步：比较一个重要位置的停车场的设计方案。

停车场设计方案的选择并不总是那么简单的。以波蒂奇公园社区的一个关键场地为例（社区中心公园附近的停车场，**图** 9–6 上标记为"1"），可以将三种干预措施可视化以便做比较。这个停车场是这个社区的主要公共财富之一，但它并未得到充分利用。

如**图** 9–8 所示，在现有场地附近被移除的停车场由路边停车场所取代。原停车场可以开发为零售空间或办公楼，侧面进入布置在楼后面的停车场。在建筑前增加了几个沿街停车位，以表明该地区确实可以停车。有时候，仅仅是建议在零售商附近提供停车位（不一定是一对一的替换），就足以吸引人们在附近转悠并停车，而不是紧邻大楼停车。

图9-9

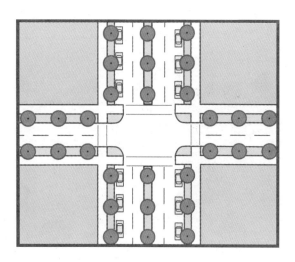

方案l：需要对重新布置街道以容纳更多的停车

图9-10

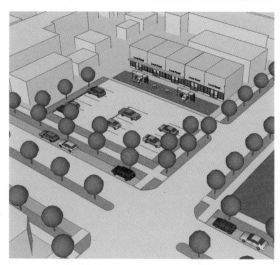

方案2：将停车场转变为小型零售点

图9-11

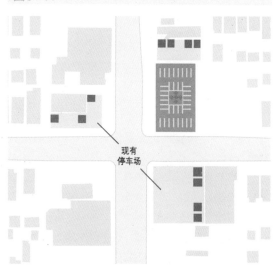

现有
停车场

方案2：在邻近停车广场附近的区域，将一组停车场转变为小型零售(售货亭和报亭)

图9-12

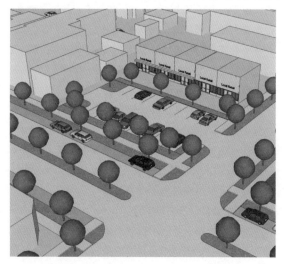

方案3：对停车场采用缓冲措施

需要注意的是，要容纳这个方案，可能需要对街道重新规划设计。**图9-9** 展示了如何重新布置街道以提供更多的停车位。为了能让道路两侧都可以沿街停车，我们对有中心转弯车道的双车道道路进行了轻微的改造。

图9-10 是一个保留现有停车场的案例。为了减少停车的负面影响，该停车场为行人设置一些视觉焦点。设计干预是适度的，只提供一些户外座位区和小型零售摊位。虽然保留了停车场，但户外座椅和零售店的增加激活了空间，使其更加人性化。增加景观（树木和其他绿化）将有助于柔化停车场的生硬感。

图9-11 展现了**图9-6** 中标记为"2"的区域的一组设计干预措施。在本案例中的理念是结合两种停车场的重新设计策略，它们都倾向于保留停车位，但将空间转换成更尊重行人的空间。

此案例子中，通过将街角的大型停车场转换成广场，创建了一个市民空间。改进的铺装材料和喷泉等中心节点有助于空间的这种转变。在带状的购物中心和其他零售场所前面的大型停车场中，增加了小的零售空间（报摊、售货亭）。这些嵌在现有的停车场中的小空间能取得成功，很可能得益于它们靠近停车场。因此，在不损失现有停车能力的情况下，在这个交叉口创建了一个非传统的停车场网络。这种改造还有一个额外的因素是该区域现有公共空间较少。

图9-12 是一个保留了现有停车场，却通过行道树柔化停车场的案例。这是一个可以实现的、最低限度的干预策略。居民只需要知道在城市设计师的帮助下如何做到这一点。

最后，还有停车场开发的选项，如**图9-4** 所示。如**图9-7**，如果在公共空间附近有一个高使用率和高密度的区域，那么插入一个停车建筑可能是一个合理的设计方案。这个建筑可以将零售放在一层，停车放在楼上或者楼下。如果停车建筑与积极使用相结合，就会可能强化而非削弱公共领域。

对于这个资本密集型的项目来说，首先必须确定新建筑可容纳的空间数量，因为额外的容量应缓解周围5分钟步行范围内地区的停车需求。一个四层的建筑可以容纳大约250辆汽车，不仅可以容纳所有当前的地面停车数量，而且可以吸收周围地区的停车压力。

注意

这些设计的维度基于两个来源：SmartCode和《可步行社区的城市主要道路设计》(Designing Major Urban Thoroughfares for Walkable Communities)（运输工程师学会，2005 年）。

上海，中国

来源：Denys Nevozhai

练习10
交通

目的: 寻找因交通过多而降低社区品质的地方,并提出有助于缓解交通问题的设计策略。

背景

长期以来,城市一直在竭力兼顾行人和车辆的需求。20世纪早期,当城市街道中的汽车数量指数级增长时,交通问题非常严峻。汽车和城市之间的关系曾一度被过度美化。1904年,托尼·加内尔(Tony Garnier)在巴黎出版了其未来主义的《工业城》(Cité Industrielle),提出建立一个"机器时代的社区",这个社区由水力发电站、飞机库和高速公路组成,并根据其功能进行严格的分区(见LeGates and Stout,1998,第xxxi页)。这个方案启发了一代代的规划师和建筑师去展望一个功能清晰的世界,但低估了这种截然的功能分区对场地质量的不利影响。

土地使用的分隔对交通产生了明显的影响:分隔地越多,步行的可能性就越小,驾车就会更多。现代主义关于城市的思想在20世纪50年代达到鼎盛时期,这些思想不仅包括土地使用分区,还包括以高速公路满足机动交通,以及拒绝把街道作为公共领域的重要组成部分和随之而来的抹杀街道生活。

执着于汽车、速度和畅通无阻的交通流导致了狭隘的人居环境理念,忽略了城市和人类行为的复杂性。尤其可悲的观点是通过拓宽城市街道将其变成快速移动的交通干线以便于郊区居住者逃离城市——以牺牲城内社区为代价。

1940年代关于"街道宽度不足导致交通拥堵"以及"交叉口间距离过短的缺点"的言论现在基本上被推翻,因为这种观点没有考虑到宽马路对社区质量和行人需求的负面影响。

到了20世纪末,行人、步行和减少城市交通干扰受到了关注。这一定程度上源于人们认识到了建成环境对体力活动和人们健康的影响。以行人为重的道路不仅被认为有助于改善场所的品质,而且对人们步行意愿也有影响。研究者们提出在社区尺度进行小规模的环境干预可以提高体力活动的水平(Sallis, Bauman & Pratt,1998)。

为了使道路尤其是那些交通繁忙的道路更以行人为重,整套的设计策略应运而生。这些策略大多数属于"交通稳静化"的范畴。这个理念相对较新,可能起源于1970年代荷兰的人车共享道路(woonerf)。从那时起,交通稳静化作为一种降低车速、减少交通事故、降低噪声水平和空气污染的方法而得到推广。城市设计者则更倡导其对于步行环境品质和对公共领域的改善。

根据英国利兹大学交通研究所的研究(www.highlands.com/pdra/reports/eurorept.html),城市主要道路上的交通稳静化措施通常包括:

- 在有人行横道处缩小路幅宽度;
- 增加交通绿岛和分隔带;
- 增加树木。

这些交通稳静化措施可以纳入多车道林荫路、主路和干道的建设中(见术语表中的"Boulevard")。

分析

城市设计师在减轻过多交通带来的影响上可以发挥重要作用。像之前的练习一样,这项分析首先需要确定的是聚焦何处,即在此案例中最需要进行交通稳静化是哪些道路。

请关注以下三个条件:
- 本地交通与穿越性交通之间有潜在冲突的道路;
- 行人通行范围小于道路红线一半的宽大道路;
- 承载大量行人的繁忙的宽大道路。

前两个条件预示着建立一条林荫干道的可能性。最后一种情况意味着需要采取多种交通稳静化措施。

第一步:确定同时承载本地交通和对外道路的道路

在同一道路上同时试图容纳本地交通和穿越性交通会导致潜在的冲突。这类道路可能位于有如下情况的地区:

- 道路间距较密,或相互穿越;
- 交通以本地交通为主,用地以住宅区域为主;
- 道路宽大且与有较大交通流量或者区域交通相连。

交通稳静化措施

关于交通稳静化措施的参考资料和网站很多，通常见于促进"行人友好型街道"、"积极生活"或者"步行社区"的议题中。

如下为一些非常著名的网站：

- 公共空间项目 (www.pps.org)；
- 美国步行组织 (www.americawalks.org)；
- 促进积极生活的设计 (www.activelivingby-design.org)；
- 丹伯顿 (Dan Burden) 的步行社区 (www.walk-able.org)。

其中，丹伯顿的步行社区网站非常有用，因为它提供了大量的图片来说明交通稳静化的理念 (www.pedbikeimages.org)。他列举了以下几种交通稳静化措施的例子：

- 自行车道和小径
- 人行道拓宽 / 缘石延伸 / 机动车道缩窄
- 减速弯道
- 填缝料
- 人行横道
- 减少路缘石半径和交叉口
- 缘石坡道
- 车道转向
- 部分及全部街道封闭
- 门户形象构筑物
- 车道减少
- 中央隔离带及安全岛铺装处理
- 中央隔离带及安全岛
- 单行道
- 步行街
- 透水铺装处理
- 抬高过街步道
- 抬高十字路口

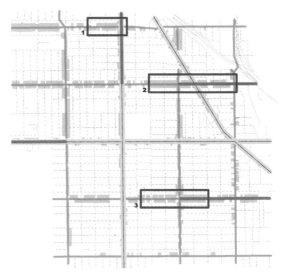

图10-1

承载本地交通和穿越交通的道路上的潜在交通冲突
黄色区域为住宅区

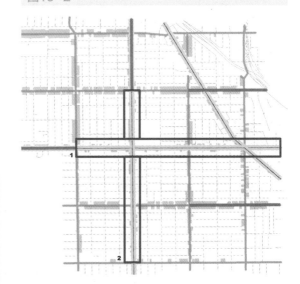

图10-2

步行区域不足的宽马路

- 环状交叉路口
- 人行道
- 减速垫
- 减速带
- 减速台
- 行道树
- 传统窄街
- 无绿化中分带
- 有绿化中分带
- 人车共享道路

这些交织的地方与非地方情况会影响步行环境，亟待设计干预。

如下三方面可用于确定这些道路的位置：

- 车流量较多、路幅宽的道路；
- 与区域交通相连的道路（图3-2）；
- 住宅地块朝向这些道路。

图10-1显示了上述三种情况出现的三个区域。这些地区大部分面向住宅地块，但道路因承担区域性交通十分繁忙（实际上这些主要通路位于社区之外）。此外，这些道路都很宽，红线宽度通常在80英尺以上。

第二步：确定步行区域小于50%红线宽度的宽马路。

参考《林荫大道：历史、沿革、复合型大道设计》(The Boulevard Book; History, Evolution, Design of Multiway Boulevards)（Jacobs, Macdonald & Rofe, 2003），林荫道的行人区域的宽度至少应该占到红线宽度的50%。在这一步中确定的道路具有主路或干道的潜力，但是行人区域则相对不足。考虑到步行区域低于标准，将其转变为主路或干道是非常有必要的。

图10-2展示了两个有望被设计成主路或干道的区域。道路红线宽度介于65～100英尺，但是这些道路的步行区域却未达标。此外，这些道路直接相邻的不是独栋住宅，而是混合型的土地利用。

第三步：确定有大量步行者、交通拥堵且超宽的道路。

以下的条件可以用来帮助做出判断：

- 交通相对繁忙的宽马路；
- 居住密度较高、众人喜欢或依赖步行的区域；
- 低收入且高租金的地区；
- 儿童较多的地区；
- 老年人较多的地区。

图10-3显示了满足上述所有条件的三个区域。深色的地区（人口普查区组）收入相对更低、租金相对更高，且未成年人（18岁以下）和老年人（65岁以上）也相对较多。

第四步：确认样带的位置

最后，将上述信息与样带地图（图2-8）重叠，以决定适合采取稳静化措施的道路环境。设计阶段将利用交通稳静化要素——缩窄道路、交通岛和中分带、乔木——按照SmartCode一书中所提出的四种通道类型（街道、商业街、大道或林荫大道）中适合的一种进行营造或改进。

图10-4显示了样带和道路红线，并识别出四个需要进行设计干预的地方。这些也代表了交通稳静化的四种不同环境背景。与停车练习（练习9）一样，这些设计的尺寸基于两个资料：SmartCode和《顾及步行社区的城市主要道路设计》(Designing Major Urban Thoroughfares for Walkable Communities)一书中的尊重环境的设计方案部分（美国运输工程师学会，2005年）。

设计

为缓解交通问题而采取的设计干预，包括先选定亟需重新设计和交通稳静化工作的道路位置（步骤1至4），然后再决定哪种改建方式更为适合。交通稳静化策略的选择应该根据道路类型对应的尺度来选择。

这里提出的策略将侧重于设计适合每个地点的新通

图10-3

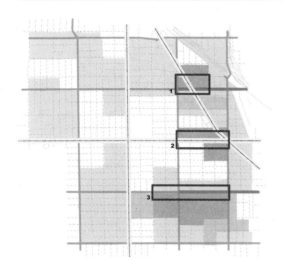

潜在矛盾：道路同时承载了本地交通和穿越交通。
黄色区域为住宅用地

图10-4

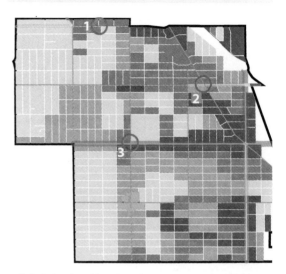

三处存在交通问题的区域。图上可以看出样带和道路红线的
变化

图10-5

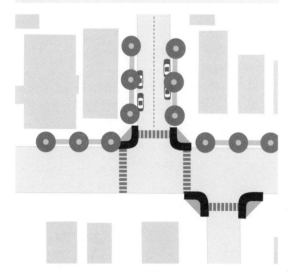

区域1的交通稳静化示意

图10-6

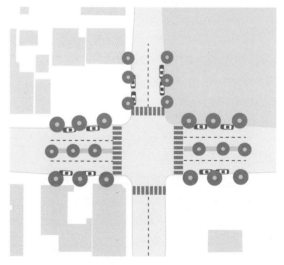

林荫大道的改进设计

道，分别是街道、商业大街、主路和干道。相关定义如
下（参照 SmartCode 中的定义；请参阅本书术语表）：

- 街道 (street)：低速、低车流量的城市道路，停

车方式为单侧或两侧停车，立道牙并有间距规
律的行道树。

- 商业街 (commercial street)：低速城市道路且
大部分为商业用途，中高车流量，宽人行道，

两侧停车，有间距规律的树池。

- 主路 (avenue)：低速至中速、大流量道路，通常具有绿化中分带；可以作为城市中心之间的连接道路。
- 干道 (boulevard)：中速、大流量的道路，通常有分开的侧路满足地方交通需要并在干道与人行道、建筑间发挥缓冲作用。"多车道林荫大道"(multiway boulevard) 和"林荫大道"(boulevard street) 之间有时是有所区别的，"复合型林荫大道"把当地和区域的交通分隔开，而"林荫大道"是一条没有侧路街的景观大道 (Jacobs，Macdonald and Rofe，2003)。

Smartcode 提供 22 个典型的通道组合，例如，指定适当的公共临街空间、私有地产临街空间、道路红线和车道宽度。使用组合作为参考，上述的问题区域可以按照其中的某种道路类型重新设计。此外，采用下面的一项或多项措施可达到交通稳静化。

- 缩窄道路宽度，包括在人行横道位置处；
- 平行泊车；
- 增加交通绿岛和道路中分带；
- 种植树木，绿带式或树池式均可；
- 拓宽人行道。

第五步：重新设计区域 1 的道路

在第一步的工作中可以发现区域 1 大部分为居住区并且街道宽大、交通繁忙，显然需要交通稳静化。如果考虑到现有红线及其所穿过的样带 (T3、T4 和 T5)，采用双车道可以两侧停车的慢速（时速 20 英里）道路可能是适合的。**图 10-5** 展示了这种街道在路口位置可以采用的详细设计。

区域 4 周围亦以住宅区为主，街道宽阔，交通繁忙（第一步），行人众多（第三步）。鉴于其需要更广泛的通行权，建议将更多的道路单体组合起来，除了两侧停车场和六英尺的人行道，还可以在中间添加一个七英尺的连续种植带。

第六步：重新设计区域 2 的道路

重新设计的区域 2 中的道路需要采用不同的布局。从第二步的工作中，可以确定该地区具有布置林荫道或林荫大道的潜在可能。有两种不同的配置可能适合上述两个位置的改造。虽然区域 2 的宽度不适合布置复合型林荫大道，但它（**图 10-6**）可容纳"林荫大道"的要素：两条车道、两侧停车和连续的中间绿带。重新设计的街道三维图见**图 10-7**。

在道路红线较窄处，道路可以设计成商业大街而不是林荫大道，包括 13 ~ 15 英尺的步行道和两侧停车、连续的间距规律的树池。

图10-7

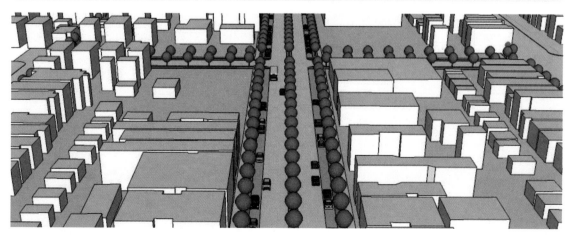

上图为图10-6所示的林荫大道的轴测图

参考文献

Alexander, Christopher. 1965. "A City Is Not a Tree." *Architectural Forum* 122 (April): 58–62; and (May): 58–61.

Banerjee, Tridib, and William Baer. 1984. *Beyond the Neighborhood Unit: Residential Environments and Public Policy.* New York: Plenum Press.

Bingler, Steven, Linda Quinn, and Kevin Sullivan. 2003. *Schools as Centers of Community: A Citizens' Guide for Planning and Design.* Washington, D.C.: U.S. Department of Education. Available at www.edfacilities.org.

Brain, David. 2005. "From Good Neighborhoods to Sustainable Cities: Social Science and the Social Agenda of the New Urbanism." *International Regional Science Review* 28: 217–38.

Bussagli, Marco. 2004. "Buildings and Typologies." Pp. 40–75 in *Understanding Architecture, vol. 1.* Armonk, N.Y.: M. E. Sharpe.

Campoli, Julie, and Alex MacLean. 2007. *Visualizing Density.* Cambridge, Mass.: Lincoln Institute of Land Policy.

City of Longmont, Colorado. 2003. *Preservation of Undeveloped Land for Pocket Parks in Neighborhoods.* Available at www.ci.longmont.co.us/city_council/retreat/2003/pdfs/openspace.pdf.

Davidson, Michael, and Fay Dolnick, eds. 2004. *A Planners Dictionary.* PAS Report No. 521/522. Chicago: American Planning Association.

Dramstad, Wenche E., James D. Olson, and Richard T.T. Forman. 1997. *Landscape Ecology Principles in Landscape Architecture and Land-Use Planning.* Cambridge, Mass., and Washington, D.C.: Harvard University and Island Press.

Duany, Andres, Elizabeth Plater-Zyberk, and Jeff Speck. 2000. *Suburban Nation: The Rise of Sprawl and the Decline of the American Dream.* New York: North Point Press.

Duany, Andres, Elizabeth Plater-Zyberk, and Robert Alminana. 2003. *New Civic Art: Elements of Town Planning.* New York: Rizzoli.

Duany, Andres, Sandy Sorlien, and William Wright. 2008. *The SmartCode version 9 and Manual.* Available at www.smartcodecentral.com.

Duany, Plater-Zyberk and Co. 1998. *The Lexicon of the New Urbanism.* Miami: Duany, Plater-Zyberk and Co.

Ewing, Reid. 1997. "Is Los Angeles-Style Sprawl Desirable?" *Journal of the American Planning Association* 63 (1): 107–26.

Farr, Douglas. 2007. *Sustainable Urbanism: Urban Design with Nature.* New York: Wiley.

Fischer, Claude S. 1982. *To Dwell Among Friends: Personal Networks in City and Town.* Chicago: University of Chicago Press.

Franck, Karen A., and Lynda H. Schneekloth, eds. 1994. *Ordering Space: Types in Architecture and Design.* New York: Van Nostrand Reinhold.

Gehl, Jan. 1987. *Life Between Buildings: Using Public Space.* New York: Van Nostrand Reinhold.

Gilroy, Rose, and Chris Booth. 1999. "Building an Infrastructure of Everyday Lives." *European Planning Studies* 7 (3): 307–25.

Grannis, Rick. 2003. "T-Communities: Pedestrian Street Networks and Residential Segregation in Chicago, Los Angeles, and New York." Working paper.

Greenberg, Mike. 1995. *The Poetics of Cities: Designing Neighborhoods That Work.* Columbus: Ohio State University Press.

Hayden, Dolores. 2003. *Building Suburbia: Green Fields and Urban Growth, 1820–2000.* New York: Pantheon Books.

Hegemann, Werner, and Elbert Peets. 1996 [1922]. *The American Vitruvius: An Architects' Handbook of Civic Art.* New York: Princeton Architectural Press.

Hillier, B., and J. Hanson. 1984. *The Social Logic of Space.* Cambridge: Cambridge University Press.

Hudnut, William H., III. 2003. *Halfway to Everywhere: A Portrait of America's First-Tier Suburbs.* Washington, D.C.: Urban Land Institute.

Institute of Transportation Engineers. 2005. *Context Sensitive Solutions in Designing Major Urban Thoroughfares for Walkable Communities.* Washington, D.C.:ITE.

Jacobs, Allan, and Donald Appleyard. 1987. "Toward an Urban Design Manifesto." *Journal of the American Planning Association* 53 (1): 112–20.

Jacobs, Allan B., Elizabeth Macdonald, and Yodan Rofe. 2003. *The Boulevard Book: History, Evolution, Design of Multiway Boulevards.* Cambridge, Mass.: MIT Press.

Jacobs, Jane. 1961. *The Death and Life of Great American Cities.* New York: Random House.

Kelbaugh, Doug. 1996. "Typology—An Architecture of Limits." *Architectural Theory Review* 1 (2): 33–52.

Krieger, Alex. 1999. "The Planner as Urban Designer: Reforming Planning Education for the Next Millennium." Pp. 207–9 in *The Profession of City Planning: Changes, Successes, Failures and Challenges (1950–2000),* ed. Lloyd Rodwin and Bishwapriva Sanyal. New Brunswick, N.J.: Center for Urban Policy Research.

LeGates, Richard, and Frederic Stout, eds. 1998. "Editor's Introduction." P. xxxi in *Early Urban Planning, 1870–1940.* New York: Routledge.

Los Angeles County Regional Planning District. 1941. *Master Plan of Highways of the County of Los Angeles, California.*

Lynch, Kevin. 1981. *Good City Form.* Cambridge, Mass.: MIT Press.

McHarg, Ian. 1969. *Design with Nature.* New York: Wiley.

Michaelson, W. 1977. *Environmental Choice, Human Behavior and Residential Satisfaction.* Oxford: Oxford University Press.

Montgomery, John. 1998. "Making a City: Urbanity, Vitality and Urban Design." *Journal of Urban Design* 3 (1): 93–116.

Mumford, Lewis. 1938. *The Culture of Cities.* London: Secker and Warburg.

———. 1968. *The Urban Prospect.* New York: Harcourt
Brace Jovanovich.

Orfield, Myron, and Robert Puentes. 2002. *Valuing America's First Suburbs: A Policy Agenda for Older Suburbs in the Midwest.* Washington, D.C.: Brookings Institution.

Perry, Clarence Arthur. 1929. "The Neighborhood Unit." *In Neighborhood and Community Planning.* New York: Regional Plan of New York and Its

Environs.

Rybczynski, Witold. 1999. "Where Have All the Planners Gone?" Pp. 210–16 in *The Profession of City Planning: Changes, Successes, Failures and Challenges* (1950–2000), ed. Lloyd Rodwin and Bishwapriva Sanyal. New Brunswick, N.J.: Center for Urban Policy Research.

St. Louis Great Streets Initiative. Available at www. greatstreetsstlouis.net/component/option,com_glossary.

Salingaros, Nikos A. 1998. "Theory of the Urban Web." *Journal of Urban Design* 3: 53–71.

Sallis, James F., Adrian Bauman, and Michael Pratt. 1998. "Environmental and Policy Interventions to Promote Physical Activity." *American Journal of Preventive Medicine* 15: 379–97.

Samuels, I., and L. Pattacini. 1997. "From Description to Prescription: Reflections on the use of a Morphological Approach in Design Guidance." *Urban Design International 2* (2): 81–91.

Sert, Jose Luis. 1944. *Can Our Cities Survive? An ABC of Urban Problems, Their Analysis, Their Solutions.* Cambridge, Mass.: Harvard University Press.

Shoup, Donald. 2005. *The High Cost of Free Parking.* Chicago: APA Planners Press.

Skjaeveland, Oddvar, and Tommy Garling. 1997. "Effects of Interactional Space on Neighbouring." *Journal of Environmental Psychology 17*: 181–98.

Smith, Tara, Maurice Nelischer, and Nathan Perkins. 1997. "Quality of an Urban Community: A Framework for Understanding the Relationship Between Quality and Physical Form." *Landscape and Urban Planning 39*: 229–41.

Southworth, Michael, and Eran Ben-Joseph. 2003. *Streets and the Shaping of Towns and Cities.* Washington, D.C.: Island Press.

Sucher, David. 2003. *City Comforts: How to Build an Urban Village, rev. ed.* Available at www. citycomforts.com.

Talen, Emily. 2008. *Design for Diversity: Exploring Socially Mixed Neighborhoods*. London: Elsevier. Unwin, Raymond. 1909. *Town Planning in Practice: An Introduction to the Art of Designing Cities and Suburbs.* London: T. Fisher Unwin.

U.S. Dept. of Transportation. "Glossary." *In Designing Sidewalks and Trails for Access.* Available at www. fhwa.dot.gov/environment/sidewalks/appb.htm.

Vanderburgh, David. 2003. "Typology." Pp. 1355–56 in E*ncyclopedia of 20th-Century Architecture,* vol. 3, ed. R. Stephen Sennott. New York: Routledge.

Venturi, Robert, Steven Izenour, and Denise Scott Brown. 1977. *Learning from Las Vegas: The Forgotten Symbolism of Architectural Form.* Cambridge, Mass.: MIT Press.

Walljasper, Jay, and the Project for Public Spaces. 2007. *The Great Neighborhood Book, A Do-It-Yourself Guide to Placemaking.* New York: New Society Publishers.

Wekerle, Gerda R. 1985. "From Refuge to Service Center: Neighborhoods That Support Women." *Sociological Focus* 18 (2): 79–95.

Zelinka, Al, and Susan Jackson. 2006. *Placemaking on a Budget: Improving Small Towns, Neighborhoods, and Downtowns Without Spending a Lot of Money.* PAS Report No. 536. Chicago: American Planning Association.

专业术语对照表

1. SmartCode Version 9 and Manual(Duany, Sorlien 和 Wright, 2008)，简写为 SC
2. A Planners Dictionary(American Planning Association, 2004)，简写为 PD
3. Project for Public Spaces (www.pps.org)，简写为 PPS
4. Pedestrian and Bicycle Information Center (www.pedbikeimages.org)，简写为 PBIC

Accessory unit：附属用房　产权从属于主建筑，并有相连的水电设施 (SC)。

Arcade：拱廊　传统上作为零售用途的临街空地私有部分，其立面是由柱廊空间覆盖的步行道，临街空地线为步行道位置的立面 (SC)。图片见 PPS-Mizner Park, Boca Raton, FL. Image ID 40642。

Atrium：中庭　为步行者设计的地面层区域，满足如下条件：(1) 有至少一个与公共街道、广场或拱廊连接的入口；(2) 通过垂直开放空间或者采光井有贯通至建筑顶部的室内空间，该空间由透明或者半透明材料覆顶；(3) 在工作时间对公众开放；(4) 至少 25% 的边缘为零售、个人服务或娱乐活动所利用；(5) 包括为公众使用的设施，例如坐凳、花坛和喷泉。(PD) 图片见 PPS-ID 10884。

Avenue：大道　中低车速、有着较高交通通过能力的道路，起到城市中心间短距离连接的作用，通常配有景观中分带 (SC)。

Block：街区　私有地块、通道、地块背部的巷子和车道的集合，通常由大路围合 (SC)。

Bollard：防撞桩　在一个较窄街道上布设的用于减少其"视觉宽度"的立柱，从而可以抑制车速。(PPS) 图片见 PPS-ID 29718。

Boulevard：林荫路　设计为大流量、中等车速的道路，横穿一个城市区域。林荫路通常有匝道作为步行路和建筑之间的缓冲。如果没有侧路的话，可以将之称为林荫大街 (SC)。图片见 PBIC。

Chicane：减速弯道　通过步行道外拓使机动车道路形成蜿蜒形态，从而限定出一个弯曲的行车路线。(PPS) 图片见 PBIC。

Choker：路面窄化设施　在特定区域 (道路交叉口或者道路中分带) 的拓展，与步道拓宽相呼应。(PPS) 图片见 PBIC。

Civic building：公共建筑　由非营利组织运行的建筑，这些非营利组织如政府、公交、公共停车、致力于艺术、文化、教育、娱乐或者立法机构批准的功能 (SC)。

Civic space：公共空间　用于公共用途的户外区域。公共空间类型由一定的物质环境组合界定，这种组合体现在其设计功能、规模、景观和朝向建筑等的关系 (SC)。

Civic：公用的　政府、公交和公共停车和致力于艺术、文化、教育、娱乐等的非营利组织。

Commercial：商业的　这个术语用以界定工作场所、办公、零售和旅馆功能等 (SC)。

Configuration：建筑形式　基于体量、立面和高度的建筑形态 (SC)。

Corridor：廊道　用以整合交通和绿道的线性几何系统 (SC)。

Courtyard building：内院建筑　一个建筑沿用地边界而建，同时在其内部界定出一个或多个内院 (SC)。

Curb：缘石　机动车道的边缘，可以是立缘石或平缘石，通常与排水系统结合 (SC)。图片见 PBIC。

Curb extension：**缘石延伸** 是位于道路交叉口或在道路中分带的外拓，以减少行人过街时走过的车道宽度，同时也能降低车流速度。U.S. Dept. of Transportation。图片见 PBIC。

Density：**密度** 在一个标准的土地面积内的居住单元的数量 (SC)。

Diverter：**渠化岛** 用以将车流导向通往特定道路的物理障碍，以减少走近路的过量穿越交通对道路的影响（尤其是居住区内中的道路）。(PPS) 图片见 PPS-Boston, MA. Image ID 19492。

Edgeyard building：**独栋建筑** 一个占据了地块中心并在四边都有退界的建筑 (SC)。

Facade：**立面** 建筑沿着临街空地界线的外墙 (SC)。

Frontage：**临街空地** 在建筑立面和车道之间的区域，包括其硬质和软质部分。临街空地可以分为私有和公共部分 (SC)。

临街红线：公共临街空地的地界线。面对临街空地线的立面界定了公共领域，因此比起面向其他地界线的立面更加规则 (SC)。

Gateway：**门户形象构筑物** 预示着将进入新的景观、界定了目的地到达点的入口廊道，也可以是机动车驾车者和行人可以感觉进入一个城市或者城市中特定区域的道路上某个点。这种印象可以通过标识、纪念物、景观、开发特点的变化或者自然要素等来形成 (PD)。图片见 PPS-ID 34739。

Green：**绿地** 用来进行非结构性游憩的公共空间类型，在空间上由景观而非建筑立面界定 (SC)。

Greenfield：**绿地** 一个包括开放空间或林地、农地、未开发地段的区域 (SC)。

Greenway：**绿道** 整体上处于自然状况的开放空间廊道，可以包括自行车和步行小径 (SC)。图片见 PPS-Burlington Bikeway ID 40776。

Infill：**填入式** 作为名词，指在已经开发的土地上进行的新开发，包括大部分的灰地和棕地，以及城市化地区内的清空场地；作为动词，指开发这类区域 (SC)。

Kiosk：**售货亭** 一个独立式的构筑物，提供临时信息、海报、通知，或者一侧、多侧有开口以进行商业活动 (PD)。图片见 PPS-Stockholm ID 47205。

Live-work：**生活 - 工作** 包括了商业和居住功能的混合用地单元。商业功能可以在单元内的任何位置，在同一个建筑内有从事不同商业和产业的商家 (SC)。

Lot：**地块** 用以容纳一个建筑或者统一设计的建筑群的地块。地块的大小由其宽度控制以决定城市肌理的粒度（如细粒度或粗粒度）(SC)。

Lot line：**地界线** 一个地块的法律和几何的边界 (SC)。

Lot width：**地块宽度** 地块朝街的主立面部分的长度。(SC)

Median：**中分带** 在城市道路或者州际高速公路中央用以分隔对向车流的区域。中分带可能包括左转车道，也可以由缘石和边沟界定，用油漆和条纹等方式以与道路上作为通过交通的其他部分区别 (PD)。图片见 PBIC。

Mixed use：**混合用途** 在一个建筑中或临近的建筑群抑或，通过叠置和临近安排多种功能 (SC)。

Multigenerational park：**全龄公园** 一个可以同时为幼儿、儿童、少年、成人和老人提供户外体力活动和空间的公园。全龄公园包括动态活动（如游戏场活动）和静态活动（休闲活动），并且可能包括为不同年龄人群设计的设施。图片见 PPS-ID 22165。

Multiway boulevard：多车道林荫路　对向车道由中间车道分隔开的道路 (PD)。

Neckdown：机动车道缩窄　见路面窄化 (choker)

Open space：开放空间　保持未开发状态的土地，可能用作公共空间 (SC)。

Park：公园　一种公共空间类型，其中自然保护地为非结构化的游憩所用 (SC)。Image：PPS-St. Stephen's Green ID 37376。

Parking structure：停车建筑　包括一层或者多层地面以上停车场地的建筑 (SC)。图片见 PBIC。

Path：小径　穿过公园或乡村区域的步行路，沿途有与连续开放空间相配的景观，理想的话是直接与城市步行道网络相连接 (SC)。图片见 PPS-Parc Vallparadis Terrassa. Image ID 26446。

Pedestrian shed：步行范围　以常见目的地为中心的步行区域，其大小与社区单元类型的平均步行距离有关。步行区域可以用来架构社区。一个标准的步行区半径为四分之一英里（或 1320 英尺），即以休闲速度的步行大约走五分钟的距离 (SC)。

Planter：种植池　公共临街空间中的要素，用以容纳行道树，可以是连续的或独立的 (SC)。图片见 PPS-Herald Square, New York. Image ID 43520。

Play lot：游戏场　专为学前班或小学生年龄段的儿童设立的小块区域，通常包括沙坑、滑滑梯、跷跷板、秋千和攀爬架等设施 (PD)。图片见 PPS-Luxembourg Gardens, Paris. Image ID 34175。

Plaza：广场　一种公共空间类型，在更为城市化的

样带设计作为公共用途和商业活动，通常地面为硬质铺装，空间上由建筑立面界定 (SC)。图片见 PPS-Pioneer Courthouse, Portland. Image ID 22589。

Pocket park：口袋公园　面积较小的开放空间，其开发和维护是为了社区居民提供动态和静态的游憩活动。一个口袋公园可能包括草坪区域、儿童游戏场、野餐区。见 Preservation of Undeveloped Land for Pocket Parks in Neighborhoods (2003)。图片见 PPS-ID 30653。

Principal building：主要建筑　主要建筑位于地块上，通常朝向街道 (SC)。

Private frontage：临街空地私有部分　在主要建筑外墙和空地界限之间的私有用地部分 (SC)。

Public frontage：临街空地公共部分　在机动车道缘石和临街界限之间的区域 (SC)。

Refuge island：安全岛（行人避车岛）　在机动车道之间的保护区域，为行人在等待车流间隙提供安全的等待场所。见《Glossary, St. Louis Great Streets Initiative》。图片见 PPS-ID 33049。

Right-of-way：道路红线　(1) 通过保留、捐赠、划拨或者罚没等获得的条带形土地，用作街道、小径、水线、下水道以及其他公共设施用地；(2) 决定道路或高速路公共边界或权属的界线；(3) 一个公共或私有的区域，允许人或者货物的通过。道路红线包括不同类型的道路如快速路、街道、自行车道、小巷和步道。公共的道路红线的土地系用于公共用途并由公共机构控制的 (PD)。

Road：道路　地方的、乡村和郊区的通路，低到中的车流速度和容量。这种类型的道路位于更为乡村化的样带区 (T1 - T3)(SC)。

Roundabout：**交通环岛** 一个抬高的交通岛，通常位于两条道路的交叉口并进行景观化处理，从而降低车流速度和事故而无需将车流导向临近的居住区街道(PD)。图片见 PBIC。

Row house：**排屋** 共享山墙、有相同建筑临空界限的、建筑类型相同的独户家庭居所 (SC)。图片见 PPS-Boston, MA. Image ID 26814。

Setback：**退界** 从地块界限到建筑立面之间的区域，区域内应无永久性构筑物，除非是建筑侵占 (SC)。

Sidewalk：**步行道** 临街空地公共部分中铺砌以专门为行人活动而用的部分 (SC)。

Square：**广场** 一种公共空间类型，为非结构性游憩和市民公用目的而设计，其空间由建筑立面限定，包括道路、草坪和乔木，通常为规则式布置 (SC)。图片来源：PPS-Manchester, England. Image ID 37290。

Street：**街道** 一个车速和流量较低的地方性城市道路 (SC)。

Terminated vista：**对景** 一条通路的轴线收尾 (SC)。

Thoroughfare：**通路** 作为车辆和行人交通的道路，并能到达地块和开放空间，包括机动车道和临街空地 (SC)。

Thoroughfare assembly：**道路综合体** 围绕和包括通路的所有元素：路权、停车道、行车道、缘石半径、临街空地 (步道、种植池和行道树)(SC)。

Transect zone，简称 T-zone：**样带区** 是根据 SmartCode 划定的区划图上几类区域中的一种。从管理上而言，样带区相似于传统规范中的土地利用区划，只是除了常见的建筑用途、密度、高度和退界要求，还整合了其他要素如期望的栖地，包括那些私有地块

和建筑以及公共临街空地 (SC)。

Urbanism：**都市主义** 用于描述紧凑、混合功能的聚居地的术语，包括其发展的物质环境形态和社会、功能、经济和社会文化层面 (SC)。

Woonerf：**共享街道** 是源自荷兰的术语，通常是居住区域，机动车和其他使用者在没有边界如车道和道牙的情况下共享道路。这个术语也可以翻译为院子住宅，也反映了在私有空间有限的荷兰其得到的公共认可度。在共享街道上的任何地方都可以步行和骑行。更为重要的是，街道起到公共起居室的功能，成年人可以聚集、孩童们可以安全玩耍，因为车辆的速度要保持在最小。见 www. livablestreets.com/streetswiki/woonerf 图片来源：PBIC。

Zoning map：**区划图** 分区规划中用于描绘不同区域和地块边界的官方图件 (SC)。

讨论问题与实际调研

如下列出了一些讨论问题和调研活动建议，希望能帮助授课教师扩展本书的每个专题并引发讨论。这些练习不需要任何特殊的软件，有互联网足矣。

练习 1：社区

"社区"一直是社会学和城市地理学中经久不衰的话题，它是否也可以在城市设计师的讨论范畴中？社区形态的设计如何具有排他性？

设计师如何能以不排他的方式界定和分隔社区？请研读佩里 (Clarence Perry) 关于"邻里单元" (neighborhood unit) 的著作。他的设想是否是人们通常认为的基于排他和社会均质性？何以为证？其邻里单元设计如何反映这一点？请参阅 Banerjee 和 Baer 所著的《Beyond the Neighborhood Unit》(1984)。

研究关于社区形态的不同观点，尤其是中心、边缘、通道和零售活动的位置和功能方面的讨论。请参考 Douglas Farr(2007) 的《可持续都市主义》(Sustainable Urbanism) 一书中的图示，将之与 Duany, Plater-Zyberk 等 (1999) 所著的新城市主义词典 (Lexicon for the New Urbanism) 进行对比。这些设计在哪些方面不同？请特别留意边缘、零售和"绿色"空间的布置。

美国的大多数社区是单一功能的，即仅用于居住。想想设计如何能让社区有更多功能？找一些社区中混合功能的成功和失败案例，例如住宅区内的零售。请思考设计的形式、模式和其他维度的哪些层面可能是区分成功或不成功商业整合的因素？

练习 2：样带

请参阅应用样带研究中心 (CATS) 网站 (www.transect.org) 的研究专栏，调查其中对样带的不同描绘方式。有些样带可以归为"流行文化"类别，见 www.transect.org/pop_img.html。此外，还有关于鞋子、发型、饮料和汽车的样带。请针对一个特定的元素，设定你自己的样带类别，并讨论那些东西看起来如何更像是城市的，哪些更像是乡村的？这种区别是

如何产生的？

在你居住的社区找寻看上去是"异常样带"的区域，即某种元素莫名其妙地出现在不当的位置 (如玉米地中的高层建筑)。请分析这个案例的特征并提出你认为更合适的替代位置。

访问 SmartCode 网站 www.smartcodecentral. com，下载 SmartCode 手册 9.2 版的 PDF 文件，找到表 4A 中的公共临街空间。沿着你所在社区的主要商业街步行 (可能包括 T4、T5 或 T6 类区域) 并拍摄这些临街空间。将临街空间与表 4A 中的说明进行比较，在地图上标出与 T4、T5 或 T6 区域不适合的临街空间的地块。设想如果采用不同的临街空间，会对行人生活、商业活力或城市生活的整体质量产生重大影响吗？请构想你希望做的改变。

练习 3：联系

城市环境与人们联系有哪些不同的方式？是否存在与物质环境及其设计无关的联系方式？如果你想到"互联网"，请再考虑下这种联系真的与物质环境无关吗？

请查看 SmartCode 网站 (www.smartcodecentral. org) 中不同公共和私人用地的临街空间类型。你认为哪些类型能更好地起到联系人们的作用？

联系是否一定是好的？在什么情况下，城市设计师会倾向于限制联系？在你居住的社区中，你能发现联系过多的地方吗？例如，太多不同的路径聚集于一处。

练习 4：中心

到你所在社区中人气最旺的街头去看看 (有时也被称为"百分百街头")，这个街头是否起到中心的作用？要想让它成为一个真正的社区中心，还需要哪些公共空间？

用谷歌地图搜索"中心"和你所在城市或城镇名，

你可能看到娱乐中心、公园中心、医疗中心或其他"中心"的清单。这些中心是否能作为社区中心？它们所在的位置是否有助于它们升级为"中心"？

大多数社区至少有一个公有空间作为"社区中心"或"公园和娱乐中心"。访问这些空间并思考它们的设计。这些空间之间是否有着良好的联系并欢迎人们使用？这些空间是否易于行人和骑自行车的人进入，抑或反之，是显然的机动车导向？在改进其设计方面，你看到了哪些可能性？

请访问你认为最有希望作为综合社区中心的位置。从该中心出发，往外步行 5 分钟，如此三次或四次，每次都沿着不同的方向（也可以让一个小组完成此任务）。记录连接中心和周边地区的路线的步行环境质量。哪些路线需要改进，你建议的干预措施是什么？

练习 5：边缘

请沿着你所在社区最近的主要快速路驾车、骑行或步行。你如何描述其近旁的区域？您是否认为沿着该快速路有与之完美并置的区域，或者这些区域实际上是无人关心的荒废之地？你觉得哪些设计干预能减轻因靠近强边缘条件而对居住功能造成的不利情况？

找出你所在居住区的官方边界的位置，沿着这些边界驾车、骑车和步行。这些边界发挥了边缘作用，还是仅为纯粹的行政划分物？

踏勘一个封闭式的社区，观察它的边缘如何发挥作用。沿着社区边缘的土地用途是什么？是否与周边地区有任何物质环境联系？居民是否有理由要自我保护？想象一下解除门禁或者在其他地方破墙开门的干预会带来什么？

踏勘机场、医院、校园或其他大型机构或片区的周边区域。描述其周围的边缘的处理方式。设计如何有意识地界定边缘？这种边缘处理是否会对周围地区造成不好的影响？你认为有方法改善这种情况吗？

练习 6：混合

思考社区功能混合的极限。讨论下你的父母或祖父母在他们的社区中能容忍多大程度的功能混合。以哪些特定的方式设计能够减轻居民对功能混合的担心？

住房附近应避免哪些功能？证明您的选择，并考虑反对意见是由于功能本身还是这种功能的通常设计方式有关。

在谷歌地球或谷歌地图（卫星视图）中，查找你所在社区中住宅类型混合度较高的区域。访问这些区域并描述其混合特征即不同住房类型如何整合的？它们是否在一个街区上面对面，或者街区立面是否较为匀质？不同的单元在风格、退线、高度、材料和屋顶方面有何不同？

练习 7：临近

访问 www.walkscore.com，输入你的地址查询步行评分。比较班级同学们居住地的步行评分。那些居住在高分区域的同学是否确实感觉他们的社区比低分区域要好？

使用街区或街区群的人口普查数据（www.census.gov），或根据自己对当地环境的了解，在你居住的城市或镇上找到两种类型的区域：低收入高密度和高收入低密度。比较这两处的步行评分。你可能想选出几个点来总结概括区域整体的步行评分，这些点的步行评分差别大吗？

访问网站 www.socialexplorer.com，找到你所在社区中最贫困的人口普查区。记下该区的人口数量，和不同种族、族群、受教育程度和收入水平的百分比。记下该区周边的道路，并在谷歌地图中标记。在谷歌地图中搜索"杂货"。看看最近的杂货店是哪家？采用"填入"的思路来看看在哪个位置能布置一家更小规模但也是距离该区更近的杂货店。可以考虑 Natural Lawson（一家日本杂货连锁）、Wild Oats 或 Trader

Joe's 的设计，或者用 "mom & pop grocers"（家庭自营杂货店）进行图像搜索以激发灵感。

练习 8：密度

根据人口普查数据，找到你所在社区中拥有最高住房单位或人口密度的部分。在 Campoli 和 MacLean 的《密度可视化》(Visualizing Density) 一书中查找相同密度水平的案例，或访问林肯土地政策研究所网站查找案例 (www.lincolninst.edu/subcenters/visualizing-density)。看看哪些案例最接近你所在社区中的高密度区域并有哪些不同？请描述差异。

在课堂上做个游戏"积木：密度游戏"。访问 www.lincolninst.edu/subcenters/visualizingdensity/blockgame / index.aspx 开始游戏。这个游戏允许学生通过安排房屋、街道、公园、停车场和院子来创建虚拟社区。让每个小组按低、中、高密度情景各创建一个社区，比较并讨论结果的不同。

根据公交设施情况，乘坐公共汽车或轻轨。在公共交通站点附近密度应该更高的前提下，研究公交站点周围那些密度仍可以大大提高的场所。采用团队调研，从有一些现存商业用途的某个站点向不同方向步行五分钟。绘制哪些地方有可能增建住房如奶奶公寓、复式住宅、庭院住宅或商住混合（低层商业、上层住宅），比较并估计可以增加的住宅数量。

练习 9：停车

查看网站 www.parkingday.org，了解有关停车 / 公园日 PARK(ing)Day 的信息。停车公园日是一个以旧金山为中心的全球性活动，在这一天中艺术家、活动家和市民通过合作暂时地将计费停车位转变为临时公园空间。在你的社区，有能变成临时公园的停车位（计费或其他类型）吗？

请选择两个你认为代表都市生活佳作和反例的地方。用谷歌地球卫星图像查看或探访该区，计算不同位置可用的停车位数量，比较佳作和反例在停车方面

有何不同。

选择你所在社区的停车库样本。描述和对比这些构筑物的背景环境。有些车库是否与周边环境结合地更好？造成了这些差异的可能原因是？

思考你了解的停车区域（包括地面停车和停车建筑）的入口和出口。有些出入口是否看上去更好？如何解释呢？

练习 10：交通

在你居住的社区中找到交通对行人干扰很大的地方，例如行人必须走很远或等待很久才能过马路的繁忙交叉路口。测量街道宽度并考虑街道是否可以容纳停车道、中分带或拓宽人行道。勾画出你拟定干预可能实施的地方。再思考下街道可以压缩到多窄？

阅读 Jacobs、MacDonald 和 Rofe(2001) 所著的《The Boulevard Book》。该书汇编了世界各地的多车道林荫路情况。使用谷歌地球或谷歌地图查看本书中讨论的一些林荫大道。选择一个绘制其基本轮廓：总宽度、车道、停车位、树木、中分带、人行道、临街公共空间，并标记交通流方向。设想下你所在城镇的某段街道是否能满足这个案例的尺寸要求？

网站 www.streetfilms.org 上有许多关于交通稳静策略的有趣短片和其他营建宜居城市的创意。观看有关减速弯道、抬高人行横道和改善日照（即移除人行横道附近的停车位）的视频。绘制一个地图并使用图例来标注你认为这三种策略在繁忙街道上的哪些位置适用。

将上述任何一个重新设计的街道平面带到当地的规划评议处 (local plan-review desk)，如果你能找到交通规划师指点那就更好了。听取他们的意见，做好思想准备，你的方案可能因成本、安全性或阻碍车流等问题而被否定。准备好如何辩驳，并记录这些讨论。

索引

译者简介：徐振，博士，注册城乡规划师，南京林业大学风景园林学院副教授。